Prof. Dr. agr. Ibrahim Elmadfa
Studium der Lebensmitteltechnologie und Ernährungswissenschaft in Assiut (Ägypten) und Gießen. Promotion (1970) und Habilitation (1975) im Fach »Ernährung des Menschen«. Professur »Ernährung des Menschen« am Institut für Ernährungswissenschaft der Universität Gießen.

Dipl. oec. troph. Doris Fritzsche
Studium der Ernährungswissenschaft. Seit 1983 wissenschaftliche Mitarbeiterin am Institut für Ernährungswissenschaft (Prof. Dr. I. Elmadfa) der Universität Gießen.

Prof. Dr. med. Hans-Diedrich Cremer
Studium der Medizin in Bonn, Kiel, Innsbruck, Köln. Danach Spezialisierung für das Fachgebiet »Physiologische Chemie und Ernährungswissenschaft«. 1956 Berufung auf den ersten in der Bundesrepublik gegründeten Lehrstuhl für »Ernährung des Menschen« an der Justus-Liebig-Universität Gießen, 1975 emeritiert. Die Schaffung des Studiums der Haushalts- und Ernährungswissenschaft (Oecotrophologie) ist ganz wesentlich auf seine Initiative zurückzuführen.

Inhalt

Ein Wort zuvor

Voraussetzung für eine ausgewogene Ernährung, bei der wir gesund bleiben, ist eine langfristige und ausreichende Versorgung des Körpers mit Energie, mit Proteinen (insbesondere essentiellen Aminosäuren), Fetten (insbesondere essentiellen Fettsäuren), Kohlenhydraten sowie Vitaminen und Mineralstoffen. Die Verwertung der mit der Nahrung in Form von Proteinen, Fetten und Kohlenhydraten aufgenommenen Energie im Stoffwechsel ist abhängig von der ausreichenden Zufuhr bestimmter Vitamine und Mineralstoffe. Je mehr Energieträger aufgenommen werden, desto größer ist der Bedarf an vielen Vitaminen und Mineralstoffen. Diese Tatsache führte zu der Überlegung, den Nährstoffbedarf und die wünschenswerte Nährstoffzufuhr nicht nur in Gewichtsmengen auszudrücken, sondern auch auf die Energieaufnahme zu beziehen. Hierfür wurde der Begriff *Nährstoffdichte* (→ Seite 89) geschaffen. Während hierzulande nach den neuesten Erhebungen* eine Überversorgung mit Energie besteht, ist die ausreichende Versorgung einzelner Bevölkerungsgruppen mit bestimmten Vitaminen und Mineralstoffen nicht immer gewährleistet. Der Grund hierfür: Es werden zuviel energiereiche, jedoch relativ nährstoffarme Lebensmittel verzehrt.
Die große GU Vitamin- und Mineralstoff-Tabelle mit ihren Angaben der Vitamin- und Mineralstoffdichte – neben der herkömmlichen Gehaltsangabe µg, mg beziehungsweise g für 100 g eßbaren Anteil – hilft dabei, die richtige Lebensmittelwahl zu treffen. Auf der Basis der von der DGE 1985 erarbeiteten Empfehlungen für die Nährstoffzufuhr konnten *besonders reiche Vitamin- und Mineralstoffquellen* berechnet und zusammengestellt werden.
Da die meisten Lebensmittel in der Regel in irgendeiner Form verarbeitet oder zubereitet werden, sind die bisher bekannten *Vitamin- und Mineralstoffverluste* bei verschiedenen Zubereitungsarten angegeben. In zwei Übersichtstabellen sind Verluste des Vitamin- und des Gesamtmineralstoffgehalts durch verschiedene Verarbeitungs- und Zubereitungsverfahren (in Prozent des Gehalts der Rohware) zusammengestellt.
Eine ausreichende und qualitativ hochwertige Nährstoffversorgung kann nicht allein durch die Aufnahme einzelner Lebensmittel erreicht werden. Sie ist am sinnvollsten durch eine ausgewogene und abwechslungsreiche gemischte Kost zu gewährleisten, da zum einen die empfohlene Nährstoffzufuhr sichergestellt, zum anderen Überdosierungen verhindert werden. Nahrungsergänzungen sowie die Zufuhr isolierter Nährstoffpräparate sind unter solchen Ernährungsbedingungen unnötig. Dies zeigen auch die für dieses Tabellenwerk beispielhaft erarbeiteten *Tagespläne*.

* Von der Deutschen Gesellschaft für Ernährung (DGE) erarbeitete Ernährungsberichte, letzter Bericht von 1985.

Unter Lebensumständen, die den Bedarf an bestimmten Nährstoffen erhöhen – beispielsweise Schwangerschaft, Stillzeit, Leistungssport, fiebrige Erkrankungen – oder bei Einhaltung von Reduktionsdiäten ist die Zufuhr der wünschenswerten Menge an lebensnotwendigen Nährstoffen nicht immer garantiert. Eine dann erforderliche gezielte Zusatzaufnahme der jeweiligen Nährstoffe sollte grundsätzlich nur in Absprache mit dem behandelnden Arzt vorgenommen werden.
Ein ähnliches Votum veröffentlichte auch das „American Institute of Nutrition“ in der Juni-Ausgabe seiner „Ernährungsnachrichten“ von 1987.

Hinweise zur Benutzung der Tabelle

Die große GU Vitamin- und Mineralstofftabelle gliedert sich in zwei Hauptteile – *Die Vitamine* und *Die Mineralstoffe* sowie einen *Sonderteil* mit Tagesplänen – der besseren Übersicht wegen jeweils gekennzeichnet mit V, M und S.
Der erste Teil, *Die Vitamine* (V), beginnt mit einer Erklärung von Bedeutung und Funktion der Vitamine für die Ernährung des Menschen. Anschließend sind die wichtigsten Vitamine einzeln vorgestellt: zunächst mit einer Erläuterung der besonderen Bedeutung des Vitamins für den Organismus. In der folgenden Tabelle sind die für das vorgestellte Vitamin besonders reichen Nahrungsquellen zusammengestellt, die mit einer Portion mindestens 15% der wünschenswerten täglichen Vitaminzufuhr decken. Für einzelne Nährstoffe liegt diese Grenze niedriger (10% für Biotin und Folsäure) beziehungsweise höher (20% Vitamin D, 30% Niacin und 50% Vitamin C). Diese Tabellen sind nach Lebensmittelgruppen und innerhalb dieser Gruppen nach steigender prozentualer Deckung der pro Tag empfohlenen Zufuhr geordnet. (Bei Angabe verschiedener Portionsgrößen innerhalb derselben Lebensmittelgruppe werden zuerst die kleineren Portionen angegeben.) Sie ermöglichen die schnelle und gezielte Auswahl von Lebensmitteln, die eine bedarfsgerechte Zufuhr gewährleisten beziehungsweise Vitamindefizite ausgleichen. Danach sind – ebenfalls in Form einer Tabelle – für eine Auswahl von Lebensmitteln die Vitaminverluste durch Zubereitung angegeben (mangels Daten wurde für Vitamin K keine Verlusttabelle erstellt). Eine Übersicht über Vitamin-Verluste durch Zubereitung und Verarbeitung schließt sich an. Danach sind in einer großen Tabelle Vitamingehalt sowie Brennwert (→ Energiegehalt, Seite 89) und Vitamindichte (→ Nährstoffdichte, Seite 89) ausgewählter Lebensmittel zusammengefaßt – geordnet in Lebensmittelgruppen und innerhalb dieser Gruppen alphabetisch. Für diese große

Tabelle wurden vitaminhaltige Lebensmittel ausgewählt, die im Handel erhältlich sind und über die Daten vorliegen. Die Nährstoffdichten – der Nährstoffgehalt bezogen auf den Brennwert (Megajoule = MJ) – wurden hier erstmals mitangegeben; mit Hilfe dieser Werte läßt sich ein Lebensmittel in seiner Qualität als Nährstofflieferant besser beurteilen, als dies bisher durch die alleinigen gewichtsbezogenen Gehaltsangaben (je 100 g) möglich war.
Der zweite Teil, *Die Mineralstoffe* (M), ist ebenso aufgebaut wie jener der Vitamine (mangels Daten wurden für Fluor, Jod, Mangan, Kupfer und Zink keine Verlusttabellen erstellt). Die Grenze für besonders reiche Mineralstoffquellen wurde ebenfalls auf 15% der wünschenswerten Zufuhr festgelegt. Für Magnesium, Fluor, Jod, Mangan, Kupfer und Zink liegt diese Grenze niedriger (10%), für Phosphor höher (30%). Eine Ausnahme stellt Natrium dar: Dieser Mineralstoff wird dem Körper hauptsächlich in Form von Kochsalz zugeführt; die Zufuhr liegt in der Regel höher als wünschenswert. Deshalb sind statt besonders reicher Natriumquellen jene Lebensmittel aufgeführt, die für eine streng natriumarme Diät geeignet, und die bedingt geeignet sind. Anschließend sind in einer großen Tabelle Mineralstoffgehalt sowie Brennwert und Mineralstoffdichte ausgewählter Lebensmittel zusammengefaßt – geordnet in Lebensmittelgruppen und innerhalb dieser Gruppen alphabetisch. Die Lebensmittel dieser Tabelle wurden nach denselben Kriterien ausgewählt wie jene für die große Tabelle *Vitamingehalt und Vitamindichte ausgewählter Lebensmittel.*
Im *Sonderteil* (S) sind die Empfehlungen für die Nährstoffzufuhr zunächst in absoluten Zahlen (g, mg beziehungsweise µg) pro Tag angegeben, danach umgerechnet als Soll-Nährstoffdichte (g, mg bzw. µg pro MJ). Außerdem wurde je ein Tagesplan erstellt für weibliche und männliche Erwachsene im Alter von 19 bis 50 Jahren, für weibliche und männliche Jugendliche, für Schwangere bis 4. Schwangerschaftsmonat, für Schwangere ab 4. Schwangerschaftsmonat, für Stillende, für Reduktionsdiäten auf der Basis von 1,25; 2,5; 3,35; 4,2 und 6,3 MJ. Alle Tagespläne enthalten Angaben über die Energie- und Nährstoffzufuhr mit der jeweils angegebenen Kost und der damit erreichten Ist-Nährstoffdichte (→ Seite 89).
Diese Kostpläne sind Beispiele dafür, wie durch gemischte Kost eine Annäherung an die wünschenswerte Nährstoffdichte erreicht wird. Nährstoff-Defizite, die in einem erarbeiteten Tagesplan auftreten, können im Rahmen eines Wochenplans so ausgeglichen werden, daß durchschnittlich die Soll-Nährstoffdichte (→ Seite 89) – bezogen auf einen Tag – erreicht wird. Mit Hilfe der Tabellen *Besonders reiche Vitamin- und Mineralstoffquellen* ist in diesem Fall eine gezielte Auswahl dafür geeigneter Lebensmittel möglich.
Das Lebensmittel-Register enthält alle in diesem Tabellenwerk ausgewiesenen Lebensmittel.

Abkürzungen und Symbole

V	= Vitaminteil der Tabelle
M	= Mineralstoffteil der Tabelle
S	= Sonderteil der Tabelle mit Tagesplänen
+	= Inhaltsstoff ist nur in Spuren vorhanden
(0)	= der Gehalt beträgt praktisch 0
*	= es liegen keine Daten vor
µg	= Mikrogramm (1 µg = 0,001 mg)
mg	= Milligramm (1 mg = 0,001 g)
g	= Gramm (1 g = 0,001 kg)
kg	= Kilogramm (1 kg = 1000 g)
kcal	= Kilokalorie (1 kcal = 4,184 kJ)
MJ	= Megajoule (1 MJ = 1000 kJ)
krad	= Kilorad (rad = radiation absorbed dosis)
mval	= Äquivalentmasse in mg
X°	= Alkoholgehalt in Volumenprozent
Ret.-Ä. µg	= Retinol-Äquivalent, wirkungsgleich mit 1 µg Vitamin A
Toc.-Ä. mg	= Tocopherol-Äquivalent, wirkungsgleich mit 1 mg Vitamin E
i. D.	= im Durchschnitt
i.Tr.	= in der Trockenmasse (zum Beispiel bei der Fettangabe von Käse)
TS	= Trockensubstanz
UHT	= Ultrahocherhitzung
DGE	= Deutsche Gesellschaft für Ernährung

Wichtig:

- In dieser aktualisierten Ausgabe wurden die neuesten Empfehlungen der Deutschen Gesellschaft für Ernährung (DGE) von 1985 berücksichtigt.
- In den Tabellen *Vitamingehalt und Vitamindichte ausgewählter Lebensmittel* sowie *Mineralstoffgehalt und Mineralstoffdichte ausgewählter Lebensmittel* sind **vitamin- sowie mineralstoffhaltige Lebensmittel** aufgenommen, **die im Handel erhältlich sind** und über die Daten vorliegen.
- Anders als in der ersten Ausgabe dieser Tabelle von 1984 werden die Nährstoffdichten (→ auch Seite 89) nicht mehr auf 1000 kcal, sondern auf Megajoule (MJ) bezogen; damit ist der Vergleich mit den neuesten DGE-Empfehlungen von 1985 ohne Umrechnung möglich.

Die Vitamine

Allgemeines über die Vitamine

V

Die Vitamine sind lebensnotwendige organische Verbindungen, die vom Körper im Sinne von Katalysatoren benötigt werden. Sie sind für Wachstum und Erhaltung verschiedener Tierarten essentiell und werden in ganz geringen Mengen (µg- bis mg-Mengen) benötigt. Sie können vom Körper selbst nicht gebildet werden und müssen dem Organismus daher regelmäßig zugeführt werden, und zwar entweder in Form des Vitamins selbst oder als Vorstufen, die in die entsprechenden Vitamine umgewandelt werden können. Da von den Vitaminen nur Kleinstmengen benötigt und aufgenommen werden, tragen sie zur Deckung des Energiebedarfs nicht bei. Ferner haben sie als Baumaterial für Körperstrukturen keine Bedeutung.
Nicht alle bekannten Vitamine sind auch für den Menschen essentiell. Als essentiell gelten für den Menschen folgende Vitamine:
A, D, E, K, B_1, B_2, Niacin, B_6, Folsäure, Pantothensäure, Biotin, B_{12} und C.
Nach ihren physikalisch-chemischen Eigenschaften werden Vitamine in fettlösliche und wasserlösliche Vitamine unterteilt. Die fettlöslichen Vitamine sind A, D, E und K. Die anderen sind wasserlöslich.
Unter dem Begriff „Vitamin-B-Komplex" werden alle wasserlöslichen Vitamine außer Vitamin C verstanden, die fast immer vergesellschaftet vorkommen und als Bestandteile von verschiedenen Enzymsystemen im Stoffwechsel eine Rolle spielen. Die wichtigsten Vertreter des Vitamin-B-Komplexes sind die Vitamine B_1, B_2, B_6, B_{12}, Niacin, Pantothensäure, Biotin, Folsäure und die Verbindungen Cholin, Inosit und Paraaminobenzoesäure.
Die Vitamine werden im Körper in unterschiedlichem Maße gespeichert. Von den fettlöslichen Vitaminen sowie von Vitamin B_{12} können relativ große Speicher angelegt werden. Die übrigen wasserlöslichen Vitamine dagegen werden nur in solch kleinen Mengen gespeichert, die den Bedarf des Körpers an diesen Vitaminen nur für kurze Zeit decken können. Einige Vitamine, zum Beispiel A und D, wirken bei übermäßig hoher Aufnahme toxisch. Eine erhöhte Zufuhr von wasserlöslichen Vitaminen ist zwar nicht schädlich, weil diese dann vermehrt mit dem Urin ausgeschieden werden, im Falle von Vitamin C jedoch ist eine erhöhte Aufnahme nicht zu empfehlen, da sich der Körper an das relativ hohe Niveau der Versorgung und der Gewebssättigung mit diesem Vitamin gewöhnt. Wird Vitamin C dann aus irgend einem Grunde in geringeren Konzentrationen aufgenommen (auch in sonst bedarfsdeckenden Mengen), kommt es zu einer Unterversorgung.

Vitamin A (Retinol)

Dieses fettlösliche Vitamin kommt in freier Form (Retinol) hauptsächlich im tierischen Gewebe vor. Seine Vorstufen (Provitamine A) sind in Pflanzen enthalten und können in der Darmwand in Vitamin A umgewandelt werden. Das wichtigste Provitamin A ist das β-Carotin. Infolge der begrenzten Resorbierbarkeit sowie begrenzter Umwandlung in Vitamin A wird nur ein Teil des Nahrungs-β-Carotins ausgenutzt. Hier gilt folgender Umrechnungsfaktor: Aus 6 Teilen β-Carotin entsteht im Körper 1 Teil Retinol. Dies ist auch die Grundlage für die Berechnung der Retinoläquivalente.

1 mg Retinol-Äquivalent = 1 mg Retinol = 6 mg β–Carotin

Vitamin A ist von Bedeutung für den Sehvorgang; es ist an der Bildung des Sehpurpurs beteiligt. Es dient ferner dem Aufbau und der Erhaltung der Epithelgewebe der Haut und Schleimhaut und hat auch die Funktion eines Wachstumsfaktors.
Der Bedarf an Vitamin A ist bei einer täglichen Zufuhr von 1 mg (= 0,09 mg/MJ) Retinol-Äquivalenten gedeckt. Er ist während der Schwangerschaft, Stillzeit und bei besonders schwerer körperlicher Belastung erhöht (→ Tagespläne Seite 83 bis 86).
Während leichter Vitamin-A-Mangel zur Erschwerung der Anpassung der Sehkraft beim Übergang vom Hellen zum Dunkeln (Dunkeladaptation) und somit zur Nachtblindheit führt, ist der schwere Mangel durch Änderung der Augenstrukturen mit völliger Erblindung verbunden. Durch Störung der Funktion der Haut und Schleimhäute kommt es bei Vitamin-A-Mangel auch zu Infektionen und Hautveränderungen. Gestörte Zahnbildung und Wachstumsverzögerung wurden ebenfalls beobachtet. Da das Vitamin A in relativ großen Mengen im Körper gespeichert wird, ist unter den hiesigen Ernährungsbedingungen mit schwerem Vitamin-A-Mangel im allgemeinen nicht zu rechnen. Sehr hohe Einzeldosen (130faches der Empfehlung) führen zu akuter, lang anhaltende erhöhte Aufnahmen (15faches der Empfehlung) zu chronischer Toxizität.

Besonders reiche Vitamin-A-Quellen

Als besonders reich an Vitamin A wurden solche Lebensmittel bezeichnet, durch die mit einer üblichen Portion mindestens 15% der von der DGE empfohlenen Zufuhr von Vitamin A erreicht werden (orientiert an der Empfehlung für männliche Erwachsene).
Die DGE (1985) empfiehlt pro Tag für weibliche Erwachsene 0,8 mg und für männliche Erwachsene 1,0 mg Vitamin A (Retinol-Äquivalente).

LEBENSMITTEL (verzehrbarer Anteil)	Portion in g	µg je Portion	Empfohlene Zufuhr %	
			männl.	weibl.
KÄSE				
Emmentaler, 45% Fett i.Tr.	45	154	15	19
Camembert, 45% Fett i.Tr.	45	163	16	20
Limburger, 40% Fett i.Tr.	45	171	17	21
Chester (Cheddar), 50% Fett i.Tr.	45	198	20	25
Camembert, 60% Fett i Tr.	45	283,5	28	35
FETTE				
Lebertran	5	1275	127,5	159
Lebertran	10	2550	255	319
Margarine	25[a]	152	15	19
Butter	25[a]	163	16	20
SÜSSWASSERFISCHE				
Aal, Flußaal	100	980	98	122,5
Aal, Flußaal	150	1470	147	184
FISCHDAUERWAREN				
Thunfisch in Öl	45	166,5	17	21
Aal, geräuchert	45	423	42	53
GEFLÜGEL				
Suppenhuhn	100	260	26	32,5
Huhn, Leber	100	11600	1160	1450
Suppenhuhn	150	390	39	49
HAMMELFLEISCH				
Leber	100	9500	950	1187,5
KALBFLEISCH				
Niere	100	210	21	26
Leber	100	3920	392	490
RINDFLEISCH				
Niere	100	330	33	41
Leber	100	8300	830	1037,5
SCHWEINEFLEISCH				
Leber	100	5800	580	725
FLEISCH- UND WURSTWAREN				
Leberpastete	45	427,5	43	53
Leberwurst	45	657	66	82

a = Fettportion zum Backen

LEBENSMITTEL (verzehrbarer Anteil)	Portion in g	µg je Portion	Empfohlene Zufuhr %	
			männl.	weibl.
Leberwurst, mager	45	765	76,5	96
GEMÜSE				
Kopfsalat, roh	100	150	15	19
Chicorée, roh	100	216	22	27
Broccoli, roh	100	316	32	39,5
Endivien, roh; Porree, Blätter, roh	100	333	33	32
Brunnenkresse, roh	100	450	45	56
Spinat, tiefgefroren	100	500	50	62
Mangold, roh; Sauerampfer, roh	100	583	58	73
Feldsalat, roh	100	650	65	81
Fenchelkraut, roh	100	783	78	98
Spinat, roh	100	816	82	102
Grünkohl, roh	100	830	83	104
Batate, roh	100	1000	100	125
Möhren, roh	100	1100	110	137,5
Löwenzahnblätter, roh	100	1333	133	167
Kürbis, roh; Paprikafrüchte, roh	200	200	20	25
Tomaten, in Dosen; Saft	200	234	23	29
Zuckermais, roh	200	240	24	30
Tomaten, roh	200	266	27	33
Broccoli, roh	200	632	63	79
Spinat, tiefgefroren	200	1000	100	125
Spinat, roh	200	1632	163	204
Grünkohl, roh	200	1660	166	207,5
Batate, roh	200	2000	200	250
Möhren, roh	200	2200	220	275
OBST				
Holunderbeeren, schwarz, roh	100	180	18	22,5
Aprikosen, in Dosen, heavy Sirup	100	195	19,5	24
Kaki, roh	100	242	24	30
Sanddornbeeren, roh	100	250	25	31
Aprikosen, roh	100	298	30	37
Ebereschenfrucht, roh	100	417	42	52
Honigmelone, roh, Fruchtfleisch	200	200	20	25
Aprikosennektar	200	210	21	26
Papaya, roh	200	250	25	31
Aprikosen, in Dosen, heavy Sirup	200	390	39	49
Kaki, roh	200	484	48	60,5
Sanddornbeeren, roh	200	500	50	62,5
Aprikosen, roh	200	596	60	74,5

Vitamin A/Vitamin D

Vitamin-A-Verluste bei verschiedenen Zubereitungsarten

LEBENSMITTEL (verzehrbarer Anteil)	Verluste in % der Trockensubstanz				
	Backen/ Grillen	Braten/ Rösten	Dünsten	Kochen	Schmoren
Eier	*/*	31/*	1[a]	0	*
Fettfische	*/0-57	0-64/*	*	*	0-44
Niere (Lamm, Rind, Schwein)	*/*	0/*	*	*	0-48
Leber (Lamm, Kalb, Rind, Huhn)	*/*	0-71/*	*	*	0-30

Carotin-Verluste bei verschiedenen Zubereitungsarten

Leber (Lamm, Kalb, Rind, Huhn)	*/*	21-36/*	*	*	16
Kohl	*/*	*/*	*	0	*
Wurzelgemüse	*/*	*/*	*	0	*
Batate	*/*	*/*	*	89	*
Blumenkohl	*/*	*/*	*	0	*
Broccoli	*/*	*/*	*	0	*
Erbsen, roh	*/*	*/*	*	0-19	*
gefroren	*/*	*/*	*	0	*
getrocknet	*/*	*/*	*	7	*
Kürbis	*/*	*/*	*	0	*
Lauch	*/*	*/*	*	0	*
Zuckermais	*/*	*/*	*	0,3	*
Beerenobst	*/*	*/*	0-12	*	*
Kernobst	4/*	*/*	0-2	*	*
Steinobst	*/*	*/*	0-67	*	*
Backpflaumen	*/*	*/*	21	*	*
Rhabarber	*/*	*/*	1	*	*

a = Pochieren   * = es liegen keine Daten vor

Vitamin D (Calciferol)

Bei diesem fettlöslichen Vitamin handelt es sich um antirachitisch wirkende Stoffe mit Steroidstruktur. Die bekanntesten sind Vitamin D_2 (Ergocalciferol) und Vitamin D_3 (Cholecalciferol), die aus den Provitaminen Ergosterin und 7-Dehydrocholesterin durch Bestrahlung mit kurzwelligem Licht entstehen.

1 µg Vitamin-D-Äquivalente = 1 µg Vitamin D_2 = 1 µg Vitamin D_3 = 40 IE

Vitamin D beeinflußt die Resorption von Calcium und Phosphor und somit die Bildung von Knochen und Knorpeln. In seiner aktiven Form kontrolliert es die Phosphatausscheidung über die Niere. Über eine Wirkung auf die Nebenschilddrüse bewirkt das dort produzierte Hormon die Mobilisierung von Calcium und Phosphor aus den Knochen. Deswegen und weil Vitamin D im Körper aus seinen Vorstufen gebildet werden kann, wird dieses Vitamin immer mehr als Hormon und weniger als ein Vitamin angesehen.
Der Bedarf des Säuglings an Vitamin D ist bei der empfohlenen Zufuhr von 10 µg Vitamin pro Tag gedeckt. Nach ausreichender Versorgung im Säuglingsalter entsteht beim Kleinkind nur in sehr seltenen Fällen eine Rachitis. Der Bedarf des Kleinkindes beträgt weniger als 10 µg Vitamin D pro Tag, wenn durch längere Aufenthalte im Freien und die Einwirkung des Sonnenlichtes eine stärkere Eigensynthese von Vitamin D in der Haut gewährleistet ist. Ob auch dem Erwachsenen Vitamin D zugeführt werden soll, ist nicht geklärt. Vorbeugend wird ihm eine Zufuhr von 5 µg Vitamin D pro Tag empfohlen. Während der Schwangerschaft, der Stillzeit und während der Wachstumsperiode ist der Bedarf an Vitamin D erhöht.
Bei Säuglingen und generell in der Wachstumsphase verursacht Vitamin-D-Mangel eine Knochenerweichung und Verformung der Beine, des Brustkorbs und der Kopfknochen (Rachitis). Auch die Zahnentwicklung ist verlangsamt. Beim Erwachsenen, während der Schwangerschaft und im Alter führt Vitamin-D-Mangel in Verbindung mit Calciummangel zum Krankheitsbild Osteomalazie (Erweichung der normal entwickelten und ausgewachsenen Knochen).
Vitamin-D-Aufnahmen in der Größenordnung von mehr als dem 20fachen der Empfehlung sind toxisch.

Besonders reiche Vitamin-D-Quellen

Als besonders reich an Vitamin D wurden solche Lebensmittel bezeichnet, durch die mit einer üblichen Portion mindestens 20% der von der DGE empfohlenen Zufuhr von Vitamin D erreicht werden.
Die DGE (1985) empfiehlt pro Tag für weibliche und männliche Erwachsene 5 µg Vitamin D.

LEBENSMITTEL (verzehrbarer Anteil)	Portion in g	µg je Portion	Empfohlene Zufuhr %	
			männl.	weibl.
SEEFISCHE				
Katfisch	100	0,5	10	10
Makrele	100	1,0	20	20
Kabeljau	100	1,3	26	26
Rotbarsch	100	2,3	46	46
Heilbutt	100	5,0	100	100

LEBENSMITTEL (verzehrbarer Anteil)	Portion in g	µg je Portion	Empfohlene Zufuhr %	
			männl.	weibl.
Thunfisch	100	5,4	108	108
Sardine	100	7,5	150	150
Ostseehering	100	7,8	156	156
Hering	100	31,0	620	620
Katfisch	150	0,75	15	15
Makrele	150	1,5	30	30
Kabeljau	150	1,95	39	39
Rotbarsch	150	3,45	69	69
Heilbutt	150	7,5	150	150
Thunfisch	150	8,1	162	162
Sardine	150	11,25	225	225
Ostseehering	150	11,7	234	234
Hering	150	46,5	930	930
SÜSSWASSERFISCHE				
Aal	100	13,0	260	260
Lachs	100	16,3	326	326
Aal	150	19,5	390	390
Lachs	150	24,45	489	489
FISCHDAUERWAREN				
Lachs, in Dosen	45	5,2	104	104
Bismarckhering	45	5,85	117	117
Bückling	45	13,5	270	270
Sprotten, geräuchert	45	14,4	288	288
Aal, geräuchert	45	40,5	810	810
GEFLÜGEL				
Leber	100	1,3	26	26
HAMMELFLEISCH				
Leber	100	2,0	40	40
KALBFLEISCH				
Bug; Bauch; Hals; Keule; Kotelett	100	3,8	76	76
Bug; Bauch; Hals; Keule; Kotelett	150	5,7	114	114
RINDFLEISCH				
Leber	100	1,7	34	34
PILZE				
Champignons	100	1,9	38	38
Pfifferlinge	100	2,1	42	42
Morcheln; Steinpilze	100	3,1	62	62
Champignons	200	3,9	78	78
Pfifferlinge	200	4,2	84	84
Morcheln; Steinpilze	200	6,2	124	124

Vitamin-D-Verluste bei verschiedenen Zubereitungsarten

LEBENSMITTEL (verzehrbarer Anteil)	Verluste in % der Trockensubstanz				
	Backen/ Grillen	Braten/ Rösten	Dünsten	Kochen	Schmoren
Eier	*/*	31/*	*	0,3	*
Fettfisch	*/0–94	0–95/*	*	*	*
Leber (Lamm, Kalb, Rind, Huhn)	*/*	21–36/*	*	*	16

* = es liegen keine Daten vor

Vitamin E (Tocopherole)

Eine Gruppe von mehreren fettlöslichen Verbindungen, die eine unterschiedliche Vitaminwirksamkeit aufweisen. Die wichtigsten sind α-, β-, γ- und δ-Tocopherole. Ihre Wirksamkeit wird in α-Tocopherol-Äquivalenten angegeben.

1 mg α-Tocopherol-Äquivalent = 1 mg α-Tocopherol = 2 mg β-Tocopherol = 4 mg γ-Tocopherol = 100 mg δ-Tocopherol
(Eine Internationale Einheit – IE – entspricht 1 mg DL-α-Tocopherol-acetat = 0,7 mg D-α-Tocopherol)

Die genauen Funktionen dieses Vitamins sind immer noch unklar. Wahrscheinlich beruhen sie auf seiner Fähigkeit, die Körperfette sowie eine Reihe leicht oxidierbarer Stoffe, zum Beispiel Vitamin A, vor Oxidation zu schützen. So kann Vitamin E jede Zelle schützen und stabilisieren. In dieser Wirkung wird Vitamin E durch Ubichinon (strukturähnlicher Stoff), schwefelhaltige Aminosäuren und das Spurenelement Selen (Se) unterstützt.
Der Bedarf ist stark abhängig von der Aufnahme an mehrfach ungesättigten Fettsäuren. Pro 1 g dieser Fettsäuren wird der Vitamin-E-Bedarf um 0,5 mg erhöht. Er ist bei einer täglichen Zufuhr von 12 mg α-Tocopherol-Äquivalenten (= 1,1–1,3 mg/MJ) gedeckt.
Ein Vitamin-E-Mangel tritt beim Erwachsenen unter normalen Ernährungsbedingungen nicht auf. Nur bei Störungen der Fettverdauung und -resorption (Funktionsstörung der Bauchspeicheldrüse und der Gallenblase) kann Vitamin-E-Mangel auftreten. Bei Kindern, die an einer Erkrankung der Bauchspeicheldrüse (Cystische Fibrose des Pankreas) litten, und bei hohem Gehalt der Nahrung an mehrfach

ungesättigten Fettsäuren wurde Vitamin-E-Mangel (Muskelschwund, Kreatinurie, Destabilität der roten Blutkörperchen mit erhöhter Hämolyseneigung) festgestellt.
Auch dieses Vitamin wird vom Körper in großen Mengen gespeichert. Vitamin-E-Aufnahmen bis 100 mg/Tag liegen noch im physiologischen Bereich. Auch bei Aufnahmen bis 300 mg DL-α-Tocopherolacetat wurden keine Toxizitätserscheinungen festgestellt.

V

Besonders reiche Vitamin-E-Quellen (α-Tocopherol-Äquivalente)

Als besonders reich an Vitamin E wurden solche Lebensmittel bezeichnet, durch die mit einer üblichen Portion mindestens 15% der von der DGE empfohlenen Zufuhr von Vitamin E erreicht werden.
Die DGE (1985) empfiehlt pro Tag für weibliche und männliche Erwachsene 12 mg Vitamin E (α-Tocopherol-Äquivalente).

LEBENSMITTEL (verzehrbarer Anteil)	Portion in g	mg je Portion	Empfohlene Zufuhr %	
			männl.	weibl.
FETTE UND ÖLE				
Walnußöl	5	1,9	16	16
Sonnenblumenöl	5	2,5	21	21
Baumwollsamenöl	5	2,6	22	22
Weizenkeimöl	5	7,95	66	66
Palmöl	10	2,45	20	20
Erdnußöl	10	2,55	21	21
Sesamöl	10	2,8	23	23
Safloröl (Distelöl)	10	2,9	24	24
Sojaöl	10	2,9	24	24
Maiskeimöl	10	3,1	26	26
Walnußöl	10	3,9	32,5	32,5
Sonnenblumenöl	10	5,0	42	42
Baumwollsamenöl	10	5,2	43	43
Weizenkeimöl	10	15,9	132,5	132,5
Palmöl	15	3,7	31	31
Erdnußöl	15	3,8	32	32
Sesamöl	15	4,2	35	35
Saffloröl (Distelöl)	15	4,3	36	36
Sojaöl	15	4,35	36	36
Walnußöl	15	5,8	48,5	48,5
Sonnenblumenöl	15	7,5	62,5	62,5
Baumwollsamenöl	15	7,8	65	65
Weizenkeimöl	15	23,85	199	199

LEBENSMITTEL (verzehrbarer Anteil)	Portion in g	mg je Portion	Empfohlene Zufuhr %	
			männl.	weibl.
Margarine	20[a]	2,7	23	23
Margarine	25[a]	3,4	28	28
SEEFISCHE				
Katfisch	100	2,1	17,5	17,5
Rotbarsch	150	1,95	16	16
Makrele	150	2,4	20	20
Katfisch	150	3,15	26	26
GEFLÜGEL				
Truthahn, Jungtiere	100	1,9	16	16
ausgewachsene Tiere	100	2,5	21	21
Huhn, Herz; Truthahn, Keule	150	1,8	15	15
Truthahn, Jungtiere	150	2,85	24	24
ausgewachsene Tiere	150	3,75	31	31
KALBFLEISCH				
Hirn	100	2,0	17	17
GETREIDE				
Roggenkeime	15	1,9	16	16
BROTE				
Knäckebrot	50[b]	2,0	17	17
HÜLSENFRÜCHTE				
Sojabohnen	75	10,0	83	83
SAMEN UND NÜSSE				
Haselnuß	10	2,7	22,5	22,5
Sonnenblumenkerne	10	2,2	18	18
Mandel	10	2,5	21	21
Leinsamen	10	5,7	47,5	47,5
GEMÜSE				
Porree (Lauch), Knolle, roh	100	2,0	17	17
Spargel, roh	100	2,1	17,5	17,5
Wirsing u. Löwenzahnblätter, roh	100	2,5	21	21
Knollensellerie, roh	100	2,6	22	22
Paprikafrüchte, roh	100	3,1	26	26
Schwarzwurzel, roh	100	6,0	50	50
Rosenkohl, roh	200	1,8	15	15
Pastinake, roh	200	2,0	17	17
Kürbis, roh	200	2,2	18	18
OBST				
Brombeere, roh	100	2,7	22,5	22,5
Avocado, roh	100	3,0	25	25
Himbeere, roh und tiefgefroren	100	4,5	37,5	37,5

a = Fettportion zum Backen   b = Brotportion für 1. und 2. Frühstück bzw. Abendessen

LEBENSMITTEL (verzehrbarer Anteil)	Portion in g	mg je Portion	Empfohlene Zufuhr %	
			männl.	weibl.
Mango roh; Johannisbeere, schw., roh	200	2,0	17	17
Brombeere, roh	200	5,4	45	45
Himbeere, roh und tiefgefroren	200	9,0	75	75

Vitamin-E-Verluste bei verschiedenen Zubereitungsarten

LEBENSMITTEL (verzehrbarer Anteil)	Verluste in % der Trockensubstanz				
	Backen/ Grillen	Braten/ Rösten	Dünsten	Kochen	Schmoren
Eier	*/*	31/*	0,5[a]	0	*
Fettfisch	*/0	0/*	*	*	*
Weißfisch	13/*	*/*	0	*	*
Huhn	*/*	*/8–19	*	51	*
Ente	*/*	*/0	*	*	*
Lammfleisch	*/31–39	*/33–34	*	*	36
Rindfleisch	*/0	0/0	*	0	0
Schweinefleisch	*/0	*/0	*	*	*
Herz (Rind)	*/*	*/*	*	*	2
Niere (Lamm, Rind, Schwein)	*/*	43/*	*	*	0–40
Leber (Lamm, Kalb, Rind, Huhn)	*/*	0–45/*	*	*	12
Bries (Lamm)	*/*	0/*	*	*	*
Würstchen	*/9–52	0–38/*	*	*	*
Reis	*/*	*/*	*	3	*
Kohl	*/*	*/*	0	*	*
Wurzelgemüse	*/*	*/*	0	*	*
Kartoffeln	15/*	32/*	0	*	*
Batate	*/*	*/*	0	*	*
Blumenkohl	*/*	*/*	34	*	*
Broccoli	*/*	*/*	8	*	*
Lauch	*/*	*/*	0	*	*
Pastinake	*/*	*/*	0	*	*
Zuckermais	*/*	*/*	38	*	*
Beerenobst	*/*	*/*	0–12	*	*
Kernobst	4/*	*/*	0	*	*
Steinobst	*/*	*/*	0–22	*	*
Rhabarber	*/*	*/*	0	*	*

a = Pochieren   * = es liegen keine Daten vor

Vitamin K (Phyllochinon)

Eine Gruppe von fettlöslichen Verbindungen, die die Blutgerinnung fördern. Die wichtigsten sind Vitamin K_1 (kommt in Pflanzen, insbesondere in den grünen Blättern vor) und Vitamin K_2 (wird von verschiedenen Bakterienarten, auch denen der Darmflora, gebildet). In der Praxis findet auch die synthetisch hergestellte Verbindung Menadion Verwendung, die wasserlöslich ist und als Vitamin K_3 bezeichnet wird.

Vitamin K wird für die Bildung von Gerinnungsfaktoren, vor allem Prothrombin und Faktor VII, in der Leber benötigt; es ist somit für die normale Blutgerinnung erforderlich.

Der Bedarf an Vitamin K ist nicht genau bekannt. Für den Neugeborenen wird der Bedarf mit 1 µg pro Tag angegeben. Für Säuglinge und Kleinkinder wird er auf 10 µg/kg Körpergewicht pro Tag geschätzt. Diese Größenordnung gilt auch für Erwachsene. Wahrscheinlich ist der Vitamin-K-Bedarf während der Schwangerschaft und im Alter erhöht. Erschwert wird die Bedarfsermittlung dadurch, daß Vitamin K in relativ großen Mengen gespeichert werden kann und Vitamin K_2 von Darmbakterien gebildet wird. Nach neuesten Erkenntnissen gilt jedoch, daß nur sehr wenig von dem im Darm gebildeten Vitamin resorbiert werden kann, und der Mensch auf die Vitamin-K-Zufuhr mit der Nahrung, deren genaue Höhe nicht zu bestimmen ist, angewiesen ist.

Ein Vitamin-K-Mangel wird an einer stark verlängerten Blutgerinnungszeit und der Neigung zu schweren Blutungen (Haemorrhagien) erkannt. Vitamin-K-Mangel tritt beim Erwachsenen selten auf. Er wird indirekt verursacht, etwa durch Gallenerkrankungen und Leberfunktionsstörungen und durch Blutverlust nach operativen Eingriffen.

V

Besonders reiche Vitamin-K-Quellen

Als besonders reich an Vitamin K wurden solche Lebensmittel bezeichnet, durch die mit einer üblichen Portion mindestens 15% der von der DGE empfohlenen Zufuhr von Vitamin K erreicht werden (orientiert an der Empfehlung für männliche Erwachsene).
Nach Angaben der DGE (1985) liegt der Bedarf männlicher und weiblicher Erwachsener bei 0,01 bis 0,03 mg, im Mittel bei 0,02 mg je kg Körpergewicht. Bei Zugrundelegung eines Referenzgewichts von 75 kg für männliche Erwachsene und 65 kg für weibliche Erwachsene ergibt sich daraus ein Bedarf für Männer von 1,5 mg und 1,3 mg für Frauen pro Tag.

LEBENSMITTEL (verzehrbarer Anteil)	Portion in g	µg je Portion	Empfohlene Zufuhr %	
			männl.	weibl.
GEFLÜGEL				
Huhn, Brathuhn	100	300	20	23
Leber	100	590	39	45

V

LEBENSMITTEL (verzehrbarer Anteil)	Portion in g	µg je Portion	Empfohlene Zufuhr %	
			männl.	weibl.
Huhn, Herz	100	720	48	55
Huhn, Brathuhn	150	450	30	35
HAMMELFLEISCH				
Muskelfleisch, ohne Fett	150	bis 300	bis 20	bis 23
RINDFLEISCH				
Leber	100	300	20	23
Muskelfleisch, ohne Fett	150	315	21	24
GEMÜSE				
Rotkohl, roh	100	bis 300	bis 20	bis 23
Blumenkohl, roh	100	300	20	23
Spinat, roh	100	350	23	27
Rosenkohl, roh	100	570	38	44
Sauerkraut, abgetropft, roh	100	1540	103	118
Grünkohl, Weißkohl, grüne Blätter, roh	200	250	17	19
Broccoli, roh	200	260	17	20
Rotkohl, roh	200	bis 600	bis 40	bis 46
Blumenkohl, roh	200	600	40	46
Spinat, roh	200	700	46	54
Rosenkohl, roh	200	1140	76	88
Sauerkraut, abgetropft, roh	200	3080	205	237

Vitamin B_1 (Thiamin)

Ein wasserlösliches Vitamin, das in vielen Lebensmitteln, jedoch in kleinen Mengen, vorkommt. In seiner physiologisch wirksamen Form (Thiamindiphosphat) spielt das Vitamin B_1 im Kohlenhydratstoffwechsel und im Rahmen des Prozesses der Energiegewinnung bei der Endoxidation von Kohlenhydraten und Aminosäuren eine große Rolle. Thiamin ist somit für die Aufrechterhaltung der Funktionen von Organen und Geweben, die Kohlenhydrate als Energiequelle verwerten, vor allem Nervenzellen und Muskeln, von Bedeutung.
Der Bedarf an Vitamin B_1 beträgt 0,13 mg Thiamin pro MJ. Er hängt von der Nahrungszusammensetzung ab und ist bei hoher Kohlenhydrataufnahme erhöht, bei hoher Fettzufuhr erniedrigt. Alkoholkonsum steigert den Bedarf. Eine ausreichende Versorgung mit diesem Vitamin ist hierzulande nicht immer gewährleistet. Ein Grund dafür liegt im Ernährungsverhalten der Bevölkerung, indem mehr von Vitamin-B_1-armen Lebensmitteln, zum Beispiel Weißbrot, niedermolekularen Kohlenhydraten, Alkohol, verzehrt wird und weniger von Vollkornprodukten wie Getreideerzeugnissen überhaupt.
Ein schwerer Vitamin-B_1-Mangel verursacht, durch Anhäufung der Kohlenhydratstoffwechselprodukte Brenztraubensäure und Milchsäure, schwere Schädigungen am Zentralnervensystem. Sie bilden den Hintergrund für das nicht selten in Entwicklungsländern beobachtete Krankheitsbild Beri-Beri. Ein leichter (latenter) Mangel ist gekennzeichnet durch Appetitlosigkeit, Verdauungsstörungen (Durchfall, Magensäuremangel), Müdigkeit und Störungen des emotionalen Gleichgewichts.

Besonders reiche Vitamin-B_1-Quellen

Als besonders reich an Vitamin B_1 (Thiamin) wurden solche Lebensmittel bezeichnet, durch die mit einer üblichen Portion mindestens 15% der von der DGE empfohlenen Zufuhr von Vitamin B_1 erreicht werden (orientiert an der Empfehlung für männliche Erwachsene). Die DGE (1985) empfiehlt pro Tag für weibliche Erwachsene 1,2 mg und für männliche Erwachsene 1,4 mg Vitamin B_1.

LEBENSMITTEL (verzehrbarer Anteil)	Portion in g	mg je Portion	Empfohlene Zufuhr %	
			männl.	weibl.
SEEFISCHE				
Scholle	100	0,21	15	17,5
Flunder	100	0,22	16	18
Makrele	150	0,21	15	17,5
Katfisch	150	0,30	21	25
Scholle	150	0,315	22,5	26
Flunder	150	0,33	24	27,5
SÜSSWASSERFISCHE				
Zander	150	0,24	17	20
Lachs	150	0,255	18	21
Aal, Flußaal	150	0,27	19	22,5
GEFLÜGEL				
Ente	100	0,30	21	25
Huhn, Leber	100	0,32	23	27
Herz	100	0,43	31	36
Brust	100	0,70	50	58
Ente	150	0,45	32	37,5
Huhn, Brust	150	1,05	75	87,5
HAMMELFLEISCH				
Hirn	100	0,24	17	20
Herz	100	0,31	22	26
Leber	100	0,36	26	30
Brust	150	0,21	15	17,5

LEBENSMITTEL (verzehrbarer Anteil)	Portion in g	mg je Portion	Empfohlene Zufuhr % männl.	Empfohlene Zufuhr % weibl.
Hammelfleisch, Keule; Lende	150	0,24	17	20
Muskelfleisch, ohne Fett; Filet	150	0,27	19	22,5
Hirn	150	0,36	26	30
Herz	150	0,465	33	39
Leber	150	0,54	39	45
KALBFLEISCH				
Leber	100	0,28	20	23
Niere	100	0,37	26	31
Herz	100	0,60	43	50
Brust; Kotelett; Muskelfleisch, o. Fett	150	0,21	15	17,5
Filet; Haxe; Keule; Zunge	150	0,225	16	19
Hirn	150	0,24	17	20
Schnitzel	150	0,27	19	22,5
RINDFLEISCH				
Muskelfleisch, ohne Fett	100	0,23	16	19
Leber, Niere	100	0,30	21	25
Herz	100	0,53	38	44
Muskelfleisch, ohne Fett	150	0,345	25	29
SCHWEINEFLEISCH				
Leber	100	0,31	22	26
Niere	100	0,34	24	28
Herz	100	0,46	33	38
Zunge	100	0,49	35	41
Keule, Schnitzel	100	0,80	57	67
Bug	100	0,89	64	74
Muskelfleisch, ohne Fett	100	0,90	64	75
Kamm	100	0,92	66	77
Filet	100	1,10	79	92
Keule; Schnitzel	150	1,20	86	100
Bug	150	1,335	95	111
Muskelfleisch, ohne Fett	150	1,35	96	112,5
Kamm	150	1,38	99	115
FLEISCHWAREN				
Schinken, gesalzen und gekocht	45	0,24	17	20
Schinken, gesalzen und geräuchert	45	0,25	18	21
GETREIDE UND GETREIDEPRODUKTE				
Weizenkeime	15	0,30	21	25
Roggen, Korn; Roggenflocken	60	0,21	15	17,5
Mais, Korn	60	0,22	16	18
Naturreis	60	0,25	18	21

LEBENSMITTEL (verzehrbarer Anteil)	Portion in g	mg je Portion	Empfohlene Zufuhr % männl.	Empfohlene Zufuhr % weibl.
Gerste, Korn, entspelzt	60	0,26	19	22
Reis, parboiled	60	0,26	19	22
Weizen, Korn	60	0,30	21	25
Hafer, Korn und Grütze	60	0,31	22	26
Haferflocken, Vollkorn und Instant	60	0,34	24	28
Buchweizen, Vollmehl	60	0,35	25	29
BROTE				
Weizenmischbrot	175[a]	0,245	17,5	20
Roggenbrot; Roggenmischbrot	175[a]	0,315	22,5	26
Roggenschrot- und Vollkornbrot	175[a]	0,315	22,5	26
Simonsbrot; Steinmetzbrot	175[a]	0,35	25	29
Weizenschrot- und Vollkornbrot	175[a]	0,40	29	33
HÜLSENFRÜCHTE				
Linsen	75	0,32	23	27
Limabohne	75	0,34	24	28
Kichererbsen	75	0,375	27	31
Bohnen, weiß	75	0,45	32	37,5
Erbsen, gelb, geschält	75	0,57	41	47,5
Sojabohnen	75	0,75	54	62,5
GEMÜSE				
Erbsen, grün, roh	100	0,32	23	27
Bambussprossen, roh	200	0,26	19	22
Artischocke und Spargel, roh	200	0,28	20	23
Schwarzwurzel und Zuckermais, roh	200	0,30	21	25
Topinambur, roh	200	0,40	29	33
Erbsen, grün, roh	200	0,64	46	53
Kartoffel, roh	250	0,25	18	21
PILZE				
Morcheln (Speise-)	200	0,26	19	22

a = Brotportion für 1. und 2. Frühstück bzw. Abendessen

V

Vitamin-B_1-Verluste bei verschiedenen Zubereitungsarten

LEBENSMITTEL (verzehrbarer Anteil)	Verluste in % der Trockensubstanz: Backen/ Grillen	Braten/ Rösten	Dünsten	Kochen	Schmoren
Eier	*/*	47/*	22[b]	11	*
Fettfisch	*/*	0–54/*	*	*	51

b = Pochieren   * = es liegen keine Daten vor

V

LEBENSMITTEL (verzehrbarer Anteil)	Verluste in % der Trockensubstanz				
	Backen/ Grillen	Braten/ Rösten	Dünsten	Kochen	Schmoren
Weißfisch	7-74/*	*/*	0-64	*	*
Huhn	*/*	*/35-36	*	58-64	*
Ente	*/*	*/49	*	*	*
Truthahn	*/*	*/31-46	*	*	*
Lammfleisch	*/0	*/27-35	*	*	50
Kalbfleisch	*/*	*/68	*	*	*
Rindfleisch	*/18	24/0-11	*	38	28-63
Schweinefleisch	*/0-2	*/25	*	*	*
Kaninchen	*/*	*/*	*	*	51
Herz (Rind)	*/*	*/*	*	*	71
Niere (Lamm, Rind, Schwein)	*/*	28/*	* *	* *	62-63
Leber (Lamm, Kalb, Rind, Huhn)	*/*	17-25/*	*	*	34
Bries (Lamm)	*/*	42/*	*	*	*
Würstchen	*/43	71/*	*	*	*
Nudeln	*/*	*/*	*	75	*
Reis	*/*	*/*	*	67	*
Kohl	*/*	*/*	*	0-16	*
Rüben	*/*	*/*	*	31-48	*
Wurzelgemüse	*/*	*/*	*	0	*
Kartoffeln	22/*	38/*	*	9	*
Batate	*/*	*/*	*	12	*
Blumenkohl	*/*	*/*	*	20	*
Broccoli	*/*	*/*	*	35	*
Erbsen, roh	*/*	*/*	*	16	*
gefroren	*/*	*/*	*	19	*
getrocknet	*/*	*/*	*	46	*
Beerenobst	*/*	*/*	0-13	*	*
Kernobst	29/*	*/*	0	*	*
Steinobst	*/*	*/*	4-17	*	*
Backpflaumen	*/*	*/*	23	*	*

Durch Kochen entstehen außerdem folgende Verluste an Vitamin B_1 (Thiamin): Kohlrabi 10, Lauch 0, Pastinake 30, Pilze 83, Zwiebeln 0, Zuckermais 0 g je 100 g TS.

* = es liegen keine Daten vor

Vitamin B_2 (Riboflavin)

Auch hierbei handelt es sich um ein wasserlösliches Vitamin, das eine große Rolle im Prozeß der Energiegewinnung aus Fetten, Kohlenhydraten und Aminosäuren spielt. In allen Geweben und Zellen kommen seine physiologisch wirksamen Formen als Stoffwechselkatalysatoren vor. Es wird auch im Rahmen von Aufbaureaktionen, zum Beispiel bei der Fettsäuresynthese, benötigt. Die Tatsache, daß Vitamin B_2 im Auge vorkommt, spricht für seine Beteiligung am Sehprozeß. Die genaue Funktion hierbei ist jedoch nicht bekannt.
Der tägliche Bedarf an Vitamin B_2 für Neugeborene beträgt 0,075 mg pro kg Körpergewicht und für Erwachsene 0,025 mg pro kg Körpergewicht. Er wird bei einer täglichen Zufuhr von 0,15 mg–0,17 mg/MJ sicher gedeckt. Der Bedarf steigt mit erhöhtem Stoffwechsel, etwa bei Fieber, Muskelarbeit, Schwangerschaft und während der Laktation.
Vitamin-B_2-Mangel führt zu verzögertem Wachstum und zu Schädigungen an Augen, Schleimhäuten und an der Haut. Während schwere Mangelsymptome unter unseren Lebensbedingungen nicht vorkommen, sind leichte Mangelerscheinungen im Gesichtsbereich wie Risse (Rhagaden) in den Mundwinkeln und Veränderungen an Lippen, Nase und Zungenschleimhaut infolge falscher Nahrungszusammenstellung nicht selten.

Besonders reiche Vitamin-B_2-Quellen

Als besonders reich an Vitamin B_2 (Riboflavin) wurden solche Lebensmittel bezeichnet, durch die mit einer üblichen Portion mindestens 15% der von der DGE empfohlenen Zufuhr von Vitamin B_2 erreicht werden (orientiert an der Empfehlung für männliche Erwachsene).
Die DGE (1985) empfiehlt pro Tag für männliche Erwachsene 1,7 mg und für weibliche Erwachsene 1,5 mg Vitamin B_2.

LEBENSMITTEL (verzehrbarer Anteil)	Portion in g	mg je Portion	Empfohlene Zufuhr %	
			männl.	weibl.
MILCH				
H- und Trinkmilch, 1,5 und 3,5% Fett; Rohmilch	200	0,36	21	24
H- und Trinkmilch, entrahmt	200	0,38	22	25
MILCHPRODUKTE				
Dickmilch, Joghurt und Kefir aus Trinkmilch, 3,5% Fett	150	0,27	16	18
Joghurt, 1,5% Fett	150	0,27	16	18
Trinksauermilch, entrahmt; Joghurt aus Magermilch	150	0,285	17	19

LEBENSMITTEL (verzehrbarer Anteil)	Portion in g	mg je Portion	Empfohlene Zufuhr %	
			männl.	weibl.
Dickmilch, Joghurt und Kefir aus Trinkmilch, 3,5% Fett	175	0,315	19	21
Trinksauermilch, entrahmt; Joghurt aus Magermilch	175	0,33	19	22
Joghurt mit Früchten, gezuckert, 1,5 und 3,5% Fett	175	0,26	15	17
KÄSE				
Camembert, 45% Fett i.Tr.	45	0,27	16	18
Camembert, 30% Fett i.Tr.	45	0,30	18	20
FISCHE				
Flußaal	100	0,32	19	21
Seelachs; Makrele	100	0,35	21	23
Seehecht	150	0,30	18	20
Flunder	150	0,315	19	21
Hering; Scholle	150	0,33	19	22
Ostseehering	150	0,36	21	24
Heringsfilet; Sardine; Zander	150	0,375	22	25
Flußaal	150	0,48	28	32
Seelachs; Makrele	150	0,525	31	35
GEFLÜGEL				
Huhn, Brust	100	0,90	53	60
Huhn, Herz	100	1,24	73	83
Huhn, Leber	100	2,49	149	166
Ente	150	0,30	18	20
Huhn, Keule	150	0,36	21	24
Gans	150	0,39	23	26
Huhn, Brust	150	1,35	79	90
HAMMELFLEISCH				
Zunge	100	0,28	16	19
Lunge	100	0,47	28	31
Herz	100	0,86	51	57
Leber	100	3,33	196	222
Keule	150	0,33	19	22
Lende	150	0,345	20	23
Filet; Muskelfleisch, ohne Fett	150	0,375	22	25
KALBFLEISCH				
Keule; Muskelfleisch, ohne Fett	100	0,27	16	18
Zunge	100	0,29	17	19
Schnitzel; Filet	100	0,30	18	20
Lunge	100	0,36	21	24

LEBENSMITTEL (verzehrbarer Anteil)	Portion in g	mg je Portion	Empfohlene Zufuhr %	
			männl.	weibl.
Herz	100	1,10	65	73
Niere	100	2,50	147	167
Leber	100	2,61	154	174
Haxe	150	0,345	20	23
Brust	150	0,36	21	24
Kotelett	150	0,39	23	26
Keule; Muskelfleisch, ohne Fett	150	0,405	24	27
Schnitzel; Filet	150	0,45	26	30
RINDFLEISCH				
Muskelfeisch, ohne Fett	100	0,26	15	17
Zunge	100	0,29	17	19
Lunge	100	0,34	20	23
Herz	100	0,88	52	59
Niere	100	2,26	133	151
Leber	100	2,90	171	193
Muskelfleisch, ohne Fett	150	0,39	23	26
SCHWEINEFLEISCH				
Hirn	100	0,28	16	19
Filet	100	0,31	18	21
Zunge	100	0,50	29	33
Herz	100	1,06	62	71
Niere	100	1,80	106	120
Leber	100	3,17	186	211
Bug (Schulter)	150	0,33	19	22
Muskelfleisch, ohne Fett	150	0,345	20	23
Filet	150	0,465	27	31
WILD UND SONSTIGE FLEISCHARTEN				
Ziege	100	0,28	16	19
Hirsch; Reh, Keule u. Rücken	150	0,375	22	25
Ziege	150	0,42	25	28
WURSTWAREN				
Leberpastete	45	0,27	16	18
Leberwurst	45	0,41	24	27
Leberwurst, mager	45	0,495	29	33
BROTE				
Roggenschrot- und Vollkornbrot	175[a]	0,26	15	17
Weizenschrot- und Vollkornbrot	175[a]	0,26	15	17
GEMÜSE				
Erbsen, grün, roh	200	0,30	18	20

V

a = Brotportion für 1. und 2. Frühstück bzw. Abendessen

Vitamin B_2/Niacin

V

LEBENSMITTEL (verzehrbarer Anteil)	Portion in g	mg je Portion	Empfohlene Zufuhr %	
			männl.	weibl.
Spinat, tiefgefroren; Rosenkohl, roh; Spargel, roh	200	0,32	19	21
Spinat, roh; Broccoli, roh	200	0,40	24	27
PILZE				
Birkenpilze	100	0,44	26	29
Champignons (Zucht-)	100	0,45	26	30
Pfifferlinge	200	0,46	27	31
Champignons (Zucht-)	200	0,90	53	60

Vitamin-B_2-Verluste bei verschiedenen Zubereitungsarten

LEBENSMITTEL (verzehrbarer Anteil)	Verluste in % der Trockensubstanz				
	Backen/ Grillen	Braten/ Rösten	Dünsten	Kochen	Schmoren
Eier	*/*	39/*	20[a]	15	*
Fettfisch	*/0-43	0-52/*	*	*	0-41
Weißfisch	0-71/*	*/*	0-60	*	*
Huhn	*/*	*/0-13	*	13-17	*
Ente	*/*	*/27	*	*	*
Truthahn	*/*	*/0-5	*	*	*
Lammfleisch	*/0	*/0-9	*	*	0
Kalbfleisch	*/*	*/40	*	*	*
Rindfleisch	*/0	0/0	*	0	0-34
Schweinefleisch	*/0-34	*/0	*	*	*
Kaninchen	*/*	*/*	*	*	0
Herz (Rind)	*/*	*/*	*	*	15
Niere (Lamm, Rind, Schwein)	*/*	19/*	*	*	30-44
Leber (Lamm, Kalb, Rind, Huhn)	*/*	0-52/*	*	*	3
Bries (Lamm)	*/*	41/*	*	*	*
Würstchen	*/0	0/*	*	*	*
Nudeln	*/*	*/*	*	43	*
Reis	*/*	*/*	*	0	*
Kohl	*/*	*/*	*	0	*
Rüben	*/*	*/*	*	28-41	*
Wurzelgemüse	*/*	*/*	*	0-6	*

a = Pochieren * = es liegen keine Daten vor

LEBENSMITTEL (verzehrbarer Anteil)	Verluste in % der Trockensubstanz				
	Backen/ Grillen	Braten/ Rösten	Dünsten	Kochen	Schmoren
Kartoffeln	18/*	35/*	*	12	12
Batate	*/*	*/*	*	30	30
Blumenkohl	*/*	*/*	*	20	20
Broccoli	*/*	*/*	*	27	27
Erbsen, roh	*/*	*/*	*	21	21
gefroren	*/*	*/*	*	25	25
Beerenobst	*/*	*/*	0-24	*	*
Kernobst	7/*	*/*	0	*	*
Steinobst	*/*	*/*	0-47	*	*
Backpflaumen	*/*	*/*	19	*	*

Durch Kochen entstehen außerdem folgende Verluste an Vitamin B_2 (Riboflavin); Erbsen getrocknet 34, Kohlrabi 3, Lauch 8, Pastinake 22, Pilze 79, Zwiebeln 0, Zuckermais 0 g je 100 g TS.

* = es liegen keine Daten vor

Niacin (Nicotinsäureamid, Nicotinsäure)

Dieses wasserlösliche Vitamin wird in seiner physiologisch wirksamen Form vom Körper wie Vitamin B_2 im Prozeß der Energiegewinnung benötigt. Der Körper ist in der Lage, Niacin aus der Aminosäure Tryptophan zu bilden. Die Versorgung des Körpers mit diesem Vitamin erfolgt somit endogen und exogen, also über die Nahrung. Daher werden die Niacinwirksamkeit und der Niacinbedarf in Niacin-Äquivalenten angegeben.

1 mg Niacin-Äquivalent = 1 mg Niacin = 60 mg Tryptophan

Der Bedarf an Niacin ist gedeckt, wenn die Aufnahme 0,15 bis 0,20 mg Niacin-Äquivalente pro kg Körpergewicht pro Tag beträgt. Der genaue Bedarf ist nicht bekannt. Erhöht ist der Bedarf an Niacin bei Verdauungsstörungen, fieberhaften Erkrankungen, schwerer körperlicher Arbeit, während Wachstumsperioden und in der Stillzeit. Es gibt Hinweise dafür, daß eine hohe Flüssigkeitszufuhr den Niacinbedarf erhöht. Während der Schwangerschaft ist der Bedarf an Niacin nicht übermäßig erhöht, da die Umwandlung von Tryptophan zu Niacin günstiger verläuft; 1 mg Niacin-Äquivalent entspricht hier 18 mg Tryptophan. Es empfiehlt sich auf jeden Fall, auf eine ausreichende Proteinversorgung zu achten.
Niacinmangel verursacht beim Menschen schwere Hautveränderungen (Dermatitis, bekanntestes Krankheitsbild ist Pellagra), Störungen

im Verdauungstrakt (Durchfall) sowie im zentralen und peripheren Nervensystem (Schlaflosigkeit, Müdigkeit, Schwindel, Kopfschmerzen und in schweren Fällen Depressionen und Verwirrungszustände – Dementia).

Besonders reiche Niacinquellen

Als besonders niacinreich wurden solche Lebensmittel bezeichnet, durch die mit einer üblichen Portion mindestens 30% der von der DGE empfohlenen Niacinzufuhr erreicht werden (orientiert an der Empfehlung für männliche Erwachsene).
Die DGE (1985) empfiehlt pro Tag für männliche Erwachsene 18 mg und für weibliche Erwachsene 15 mg Niacin (Niacin-Äquivalente).

LEBENSMITTEL (verzehrbarer Anteil)	Portion in g	mg je Portion	Empfohlene Zufuhr %	
			männl.	weibl.
SEEFISCHE				
Heilbutt	100	5,9	33	39
Makrele	100	7,7	43	51
Sardine	100	9,7	54	65
Hering	150	5,7	32	38
Heringsfilet; Seelachs; Scholle	150	6,0	33	40
Ostseehering	150	6,45	36	43
Heilbutt	150	8,85	49	59
Makrele	150	11,55	64	77
Sardine	150	14,55	81	97
SÜSSWASSERFISCHE				
Lachs	100	7,5	42	50
Schleie	150	6,0	33	40
Lachs	150	11,25	62,5	75
GEFLÜGEL				
Huhn, Keule	100	5,6	31	37
Huhn, Herz	100	6,0	33	40
Gans	100	6,4	36	43
Huhn, Brathuhn	100	6,8	38	45
Truthahn, Jungtiere	100	7,9	44	53
Suppenhuhn	100	8,8	49	59
Huhn, Brust; Truthahn, ausgew. Tiere	100	10,5	58	70
Truthahn, Brust	100	11,3	62	75
Huhn, Leber	100	11,6	64	77
Truthahn, Keule	150	7,05	39	47
Huhn, Keule	150	8,4	47	56
Gans	150	9,6	53	64
Huhn, Brathuhn	150	10,2	57	68
Truthahn, Jungtiere	150	11,85	66	79

LEBENSMITTEL (verzehrbarer Anteil)	Portion in g	mg je Portion	Empfohlene Zufuhr %	
			männl.	weibl.
Suppenhuhn	150	13,2	73	88
Huhn, Brust; Truthahn, ausgew. Tiere	150	15,75	87,5	105
Truthahn, Brust	150	16,95	94	113
HAMMELFLEISCH				
Muskelfleisch, ohne Fett; Filet	100	5,8	32	39
Leber	100	15,3	85	102
Zunge	150	6,3	35	42
Kotelett; Lende	150	6,45	36	43
Brust	150	6,75	37,5	45
Keule	150	7,8	43	52
Muskelfleisch, ohne Fett; Filet	150	8,7	48	58
KALBFLEISCH				
Haxe	100	5,4	30	36
Brust	100	6,1	34	41
Muskelfleisch, ohne Fett; Herz	100	6,3	35	42
Filet; Kotelett; Niere	100	6,5	36	43
Keule	100	6,6	37	44
Schnitzel	100	7,5	42	50
Leber	100	15,0	83	100
Haxe	150	8,1	45	54
Brust	150	9,15	51	61
Muskelfleisch, ohne Fett	150	9,45	52,5	63
Filet; Kotelett	150	9,75	54	65
Keule	150	9,9	55	66
Schnitzel	150	11,25	62,5	75
RINDFLEISCH				
Niere	100	6,2	34	41
Herz	100	6,8	38	45
Muskelfleisch, ohne Fett	100	7,5	42	50
Leber	100	13,6	76	91
Hochrippe	150	6,45	36	43
Keule	150	6,75	37,5	45
Filet; Rindfleisch in Dosen	150	6,9	38	46
Luncheon meat (Frühstücksfleisch)	150	7,05	39	47
Lende	150	7,35	41	49
Kamm	150	7,8	43	52
Muskelfleisch, ohne Fett	150	11,25	62,5	75
SCHWEINEFLEISCH				
Filet	100	6,5	36	43
Herz	100	6,6	37	44

Niacin/Vitamin B_6

LEBENSMITTEL (verzehrbarer Anteil)	Portion in g	mg je Portion	Empfohlene Zufuhr %	
			männl.	weibl.
Schweinefleisch, Niere	100	8,4	47	56
Leber	100	15,7	87	105
Eisbein	150	5,85	32,5	39
Keule; Kotelett	150	6,45	36	43
Muskelfleisch, ohne Fett; Bug	150	6,75	37,5	45
Filet	150	9,75	54	65
WILD UND SONSTIGE FLEISCHARTEN				
Hase	100	8,1	45	54
Kaninchen	100	8,6	48	57
Pferd	150	6,9	38	46
Ziege	150	7,35	41	49
Hase	150	12,15	67,5	81
Kaninchen	150	12,9	72	86
BROTE				
Weizenschrot- und Vollkornbrot	175[a]	5,8	32	39
Steinmetzbrot	175[a]	6,1	34	41
PILZE				
Pfifferlinge	100	6,5	36	43
Champignons (Zucht-)	200	9,4	52	63

a = Brotportion für 1. und 2. Frühstück bzw. Abendessen

Niacin-Verluste bei verschiedenen Zubereitungsarten

LEBENSMITTEL (verzehrbarer Anteil)	Verluste in % der Trockensubstanz				
	Backen/ Grillen	Braten/ Rösten	Dünsten	Kochen	Schmoren
Eier	*/*	32/*	0	0[b]	*
Fettfisch	*/0	0–15/*	*	*	41
Weißfisch	35/*	*/*	20	*	*
Huhn	*/*	*/9–16	*	34–47	*
Ente	*/*	*/33	*	*	*
Truthahn	*/*	*/4–21	*	*	*
Lammfleisch	*/0	*/18–21	*	*	26
Kalbfleisch	*/*	*/44	*	*	*
Rindfleisch	*/0	0/0–11	*	15	5–50
Schweinefleisch	*/0	*/6	*	*	*
Kaninchen	*/*	*/*	*	*	29
Herz (Rind)	*/*	*/*	*	*	54

b = Pochieren * = es liegen keine Daten vor

LEBENSMITTEL (verzehrbarer Anteil)	Verluste in % der Trockensubstanz				
	Backen/ Grillen	Braten/ Rösten	Dünsten	Kochen	Schmoren
Niere (Lamm, Rind, Schwein)	*/*	27/*	*	*	*
Leber (Lamm, Kalb, Rind, Huhn)	*/*	16–22/*	*	*	*
Bries (Lamm)	*/*	66/*	*	*	*
Würstchen	*/0	0/*	*	*	*
Nudeln	*/*	*/*	*	52–53	52–53
Reis	*/*	*/*	*	41	41
Kohl	*/*	*/*	*	0	0
Rüben	*/*	*/*	*	26–32	26–32
Wurzelgemüse	*/*	*/*	*	0–21	0–21
Kartoffeln	17/*	32/*	*	17	17
Batate	*/*	*/*	*	0	0
Blumenkohl	*/*	*/*	*	12	12
Broccoli	*/*	*/*	*	35	35
Erbsen, roh	*/*	*/*	*	35	35
gefroren	*/*	*/*	*	22	22
Beerenobst	*/*	*/*	0–5	*	*
Kernobst	3/*	*/*	0	*	*
Steinobst	*/*	*/*	0–26	*	*
Backpflaumen	*/*	*/*	24	*	*

Durch Kochen entstehen außerdem folgende Verluste an Niacin:
Erbsen, getrocknet 3, Kohlrabi 19, Kürbis 0, Lauch 40, Pastinake 27, Pilze 79, Zwiebeln 0, Zuckermais 6 g je 100 g TS.

* = es liegen keine Daten vor

Vitamin B_6 (Pyridoxin, Pyridoxal, Pyridoxamin)

Als Vitamin B_6 werden die drei oben genannten Verbindungen bezeichnet. Sie sind wasserlöslich und wirkungsgleich. Vitamin B_6 kommt in vielen Lebensmitteln tierischen und pflanzlichen Ursprungs vor. In seiner physiologisch wirksamen Form greift es in den Proteinstoffwechsel (Auf- und Abbau der Aminosäuren) ein und stellt somit einen Verknüpfungspunkt zum Stoffwechsel von Kohlenhydraten und Fetten im Zuge des Energiegewinnungsprozesses dar. Es ist an vielen lebenswichtigen Funktionen des Körpers beteiligt, zum Beispiel an der Synthese von Niacin aus Tryptophan sowie der Bildung einiger Gewebshormone wie Histamin, Serotonin, Epinephrin und andere.

Im Säuglingsalter beträgt der Bedarf an Vitamin B_6 15 µg pro g Protein. Beim Erwachsenen liegt er zwischen 1 und 2 mg pro Tag. Er steigt mit steigender Proteinzufuhr. Bei extrem hohen Proteinaufnahmen (über 150 g pro Tag) muß mit einer drastischen Steigerung des Bedarfs (bis zu 2,8 mg pro Tag) gerechnet werden.
Ferner ist der Vitamin B_6-Bedarf von der körperlichen Beanspruchung sowie der Stoffwechselaktivität abhängig; so ist er zum Beispiel während der Wachstumsperiode, bei Kälte und während der Schwangerschaft erhöht. Auch eine Reihe von Medikamenten erhöhen den Bedarf an diesem Vitamin (zum Beispiel östrogenhaltige und schmerzstillende Mittel).
Schwerer Vitamin-B_6-Mangel äußert sich durch das Auftreten von Hautveränderungen (Dermatitis) und nervösen Störungen (Sensibilitätsstörungen), obwohl diese keine Vitamin-B_6-spezifischen Mangelerscheinungen sind. Beim Säugling wurden epilepsieartige Krämpfe infolge schweren Vitamin-B_6-Mangels beobachtet. Muskeldegeneration, Koordinationsschwierigkeiten und hypochrome Anämie wurden beschrieben.

Besonders reiche Vitamin-B_6-Quellen

Als besonders reich an Vitamin B_6 wurden solche Lebensmittel bezeichnet, durch die mit einer üblichen Portion mindestens 15% der von der DGE empfohlenen Zufuhr von Vitamin B_6 erreicht werden (orientiert an der Empfehlung für männliche Erwachsene). Die DGE (1985) empfiehlt pro Tag für männliche Erwachsene 1,8 mg und für weibliche Erwachsene 1,6 mg Pyridoxin.

LEBENSMITTEL (verzehrbarer Anteil)	Portion in g	mg je Portion	Empfohlene Zufuhr %	
			männl.	weibl.
SEEFISCHE				
Heilbutt	100	0,42	23	26
Hering	100	0,45	25	28
Thunfisch	100	0,46	26	29
Makrele	100	0,63	35	39
Sardine	100	0,97	53	61
Kabeljau	150	0,30	17	19
Scholle	150	0,33	18	21
Flunder	150	0,375	21	23
Heilbutt	150	0,63	35	39
Hering	150	0,675	37,5	42
Thunfisch	150	0,69	38	43
Makrele	150	0,945	52,5	59
Sardine	150	1,455	81	91

LEBENSMITTEL (verzehrbarer Anteil)	Portion in g	mg je Portion	Empfohlene Zufuhr %	
			männl.	weibl.
SÜSSWASSERFISCHE				
Aal	100	0,28	16	17,5
Lachs	100	0,98	54	61
Aal	150	0,42	23	26
Lachs	150	1,47	82	92
GEFLÜGEL				
Truthahn, Brust	100	0,46	26	29
Huhn, Brathuhn	100	0,50	28	31
Gans	100	0,58	32	36
Huhn, Leber	100	0,80	44	50
Truthahn, Brust	150	0,69	38	43
Huhn, Brathuhn	150	0,75	42	47
Gans	150	0,87	48	54
HAMMELFLEISCH				
Keule	100	0,29	16	18
Leber	100	0,37	21	23
Keule	150	0,435	24	27
KALBFLEISCH				
Herz	100	0,29	16	18
Bug; Bauch; Hals; Keule; Kotelett	100	0,40	22	25
Niere	100	0,50	28	31
Leber	100	0,90	50	56
Bug; Bauch; Hals; Keule; Kotelett	150	0,60	33	37,5
RINDFLEISCH				
Herz	100	0,28	16	17,5
Oberschale	100	0,37	21	23
Fehlrippe	100	0,38	21	24
Niere	100	0,39	22	24
Filet	100	0,50	28	31
Leber	100	0,71	39	44
Oberschale	150	0,555	31	35
Fehlrippe	150	0,57	32	36
Filet	150	0,75	42	47
SCHWEINEFLEISCH				
Schlegel	100	0,39	22	24
Herz	100	0,43	24	27
Kotelett	100	0,50	28	31
Niere	100	0,55	31	34
Leber	100	0,59	33	37
Schlegel	150	0,585	32,5	37

Vitamin B_6

V

LEBENSMITTEL (verzehrbarer Anteil)	Portion in g	mg je Portion	Empfohlene Zufuhr % männl.	Empfohlene Zufuhr % weibl.
Schweinefleisch; Kotelett	150	0,75	42	47
SONSTIGE FLEISCHARTEN				
Kaninchen; Ziege	100	0,30	17	19
Pferd	100	0,50	28	31
Schaf	150	0,30	17	19
Kaninchen; Ziege	150	0,45	25	28
Pferd	150	0,75	42	47
GETREIDE				
Roggenkeime	15	0,27	15	17
Weizenkeime	15	0,60	33	37,5
Weizenvollkornmehl	60	0,28	16	17,5
Gerste, Korn, entspelzt	60	0,34	19	21
Buchweizen, Korn, geschält	60	0,35	19	22
Naturreis	60	0,40	22	25
Hirse, Korn, entspelzt	60	0,45	25	28
Hafer, Korn, entspelzt	60	0,58	32	36
BROTE				
Roggenbrot	175[a]	0,35	19	22
Simonsbrot	175[a]	0,44	24	27,5
Roggenschrot- und Vollkornbrot	175[a]	0,525	29	33
Steinmetzbrot	175[a]	0,525	29	33
Weizenschrot- und Vollkornbrot	175[a]	0,63	35	39
HÜLSENFRÜCHTE				
Kichererbsen	75	0,405	22,5	25
Linsen	75	0,45	25	28
GEMÜSE				
Paprikafrüchte, roh	100	0,27	15	17
Batate und Rosenkohl, roh	100	0,30	17	19
Rotkohl, roh	200	0,30	17	19
Erbse, Schote und Samen, roh	200	0,32	18	20
Broccoli, roh	200	0,34	19	21
Blumenkohl, Knollensellerie, Kohlrübe, Sauerkraut, abgetropft, Spinat, Wirsing, Zuckermais, roh	200	0,40	22	25
Grünkohl und Porree (Lauch), roh	200	0,50	28	31
Paprikafrüchte, roh	200	0,54	30	34
Batate und Rosenkohl, roh	200	0,60	33	37,5
Kartoffel, roh	250	0,50	28	31
OBST				
Banane, roh	100	0,37	21	23
Avocado, roh	100	0,50	28	31
Banane, roh	200	0,74	41	46

Vitamin B_6-Verluste bei verschiedenen Zubereitungsarten

LEBENSMITTEL (verzehrbarer Anteil)	Verluste in % der Trockensubstanz				
	Backen/ Grillen	Braten/ Rösten	Dünsten	Kochen	Schmoren
Eier	*/*	43/*	18[b]	9	*
Fettfisch	*/0	0/*	*	*	41
Weißfisch	24/*	*/*	10	*	*
Huhn	*/*	*/46–58	*	19–54	*
Ente	*/*	*/49	*	*	*
Truthahn	*/*	*/20–59	*	*	*
Lammfleisch	*/7	*/13–26	*	*	2
Kalbfleisch	*/*	*/41	*	*	*
Rindfleisch	*/12	18/0–18	*	27	3–65
Schweinefleisch	*/8–18	*/21	*	*	*
Kaninchen	*/*	*/*	*	*	29
Herz (Rind)	*/*	*/*	*	*	70
Niere (Lamm, Rind, Schwein)	*/*	37/*	*	*	30–47
Leber (Lamm, Kalb, Rind, Huhn)	*/*	8–15/*	*	*	47
Bries (Lamm)	*/*	58/*	*	*	*
Würstchen	*/0–15	0/*	*	*	*
Nudeln	*/*	*/*	*	43	*
Reis	*/*	*/*	*	50	*
Kohl	*/*	*/*	*	0	*
Rüben	*/*	*/*	*	39–56	*
Wurzelgemüse	*/*	*/*	*	9–29	*
Kartoffeln	40/*	51/*	*	11	*
Batate	*/*	*/*	*	37	*
Blumenkohl	*/*	*/*	*	20	*
Beerenobst	*/*	*/*	0–39	*	*
Kernobst	38/*	*/*	0–24	*	*
Steinobst	*/*	*/*	29–37	*	*
Backpflaumen	*/*	*/*	19	*	*
Rhabarber	*/*	*/*	49	*	*

a = Brotportion für 1. und 2. Frühstück bzw. Abendessen

b = Pochieren   * = es liegen keine Daten vor

Durch Kochen entstehen außerdem folgende Verluste an Vitamin B_6: Broccoli 32, Erbsen, roh 32, Erbsen, gefroren 25, Kohlrabi 34, Kürbis 0, Lauch 9, Pastinake 37, Pilze 86, Zwiebeln 0, Zuckermais 16 g je 100 g TS.

Folsäure

Unter dieser Bezeichnung werden mehrere wasserlösliche Verbindungen zusammengefaßt, deren Moleküle sich lediglich in der Anzahl der Glutaminsäurereste unterscheiden. Wirksam sind sie in der hydrierten Form (zum Beispiel Tetrahydrofolsäure). Folsäure ist als Coenzym an der Methylgruppenübertragung beteiligt. In Verbindung mit Vitamin B_{12} ist Folsäure für die Bildung und Reifung der roten Blutzellen erforderlich und wird ferner für die Synthese der Nukleinsäuren und somit für die Zellteilung benötigt.
Der tägliche Bedarf des Erwachsenen an Folsäure wird auf 100 bis 200 µg geschätzt. Der genaue Bedarf ist nicht zuletzt wegen der Syntheseleistung der Darmflora und deren möglicher Beteiligung an der Bedarfsdeckung noch unbekannt. Da Folsäure durch Hitze zu 50 bis 95% zerstört wird, werden die Empfehlungen oft verdoppelt. Der Bedarf ist während der Schwangerschaft und Stillzeit erhöht.
Ein Folsäuremangel kann bei ungenügender Aufnahme wie auch auf Grund von Resorptionsstörungen auftreten. Er äußert sich fast immer in Veränderung des roten Blutbildes (megaloblastische Anämie). Besonders schwer sind die Folgen, wenn gleichzeitig eine Unterversorgung mit Vitamin B_{12} oder auch Mangel an Eisen herrscht. Neben Anämie können bei Folsäuremangel auch Schleimhautveränderungen im Bereich der Mundhöhle sowie gastrointestinale Störungen, die zu Durchfall führen, auftreten.

Besonders reiche Folsäure-Quellen (Folsäureäquivalente)

Als besonders folsäurereich wurden solche Lebensmittel bezeichnet, durch die mit einer üblichen Portion mindestens 10% der von der DGE empfohlenen Folsäurezufuhr erreicht werden.
Die DGE (1985) empfiehlt pro Tag für weibliche und männliche Erwachsene 160 µg Folsäureäquivalente.

LEBENSMITTEL (verzehrbarer Anteil)	Portion in g	µg je Portion	Empfohlene Zufuhr %	
			männl.	weibl.
EI				
1 Ei, Gew.-Kl. 6	43	21,5	13	13
1 Ei, Gew.-Kl. 4	52	26	16	16
RINDFLEISCH				
Niere	100	60	41	41
Leber	100	108	67,5	67,5
SCHWEINEFLEISCH				
Leber	100	108	67,5	67,5
GETREIDE				
Weizenkeime	15	41	25	25
BROT				
Brötchen	175[a]	19	12	12
Weißbrot	175[a]	31,5	20	20
Weizenvollkornbrot	175[a]	58	36	36
HÜLSENFRÜCHTE				
Linsen	75	16,5	10	10
Erbse, reif	75	17	11	11
Limabohne	75	32	20	20
Bohnen, rot und weiß	75	34,5	22	22
Mungbohne	75	35	22	22
Kichererbse	75	49	31	31
Sojabohnen	75	70,5	44	44
GEMÜSE UND PILZE				
Karotte und Weiße Rübe, roh	100	18	11	11
Radieschen, roh	100	19	12	12
Champignon (Zucht-)	100	21	13	13
Erbsen, grün, gefroren; Kohlrübe, roh	100	24	15	15
Rotkohl, Tomate, Zucchini, roh	100	25	16	16
Porree (Lauch), roh	100	26	16	16
Zuckermais, roh	100	28	17,5	17,5
Paprikafrüchte, rot, roh	100	29	18	18
Wachsbohnen, roh	100	34	21	21
Bohnen, grün, roh	100	35	22	22
Kopfsalat, roh	100	35	22	22
Batate und Blumenkohl, roh	100	36	22,5	22,5
Chicorée, roh	100	37	23	23
Grünkohl, roh	100	47	29	29
Chinakohl, roh	100	50	31	31
Broccoli, Stengel, roh	100	55	34	34
Pastinake und Spargel, roh	100	59	37	37
Rosenkohl, roh	100	60	37,5	37,5
Wirsing, roh	100	61	38	38
Rote Rüben, roh	100	74	46	46

V

Folsäure

V

LEBENSMITTEL (verzehrbarer Anteil)	Portion in g	µg je Portion	Empfohlene Zufuhr % männl.	Empfohlene Zufuhr % weibl.
Broccoli, Röschen, roh	100	103	64	64
Endivie, roh	100	116	72,5	72,5
Spinat, roh	100	134	84	84
Rhabarber, roh	200	16	10	10
Paprikafrüchte, grün, roh	200	20	12,5	12,5
Kürbis, roh	200	22	14	14
Aubergine, roh; Gurke, geschält, roh	200	26	16	16
Karotte und Weiße Rübe, roh	200	36	22,5	22,5
Champignon (Zucht-)	200	42	26	26
Erbse, grün, gefroren; Kohlrübe, roh	200	48	30	30
Rotkohl, Tomate, Zucchini, roh	200	50	31	31
Porree (Lauch), roh	200	52	32,5	32,5
Zuckermais, roh	200	56	35	35
Paprikafrüchte, rot, roh	200	58	36	36
Wachsbohnen, roh	200	68	42,5	42,5
Bohnen, grün, roh	200	70	44	44
Batate und Blumenkohl, roh	200	72	45	45
Grünkohl, roh	200	94	59	59
Broccoli, Stengel, roh	200	110	69	69
Pastinake und Spargel, roh	200	118	74	74
Rosenkohl, roh	200	120	75	75
Wirsing, roh	200	122	76	76
Rote Rübe (Bete), roh	200	148	92,5	92,5
Broccoli, Röschen, roh	200	206	129	129
Spinat, roh	200	268	167,5	167,5
OBST				
Banane, roh	100	23	14	14
Honigmelone, roh	100	30	19	19
Apfelsine (Orange), roh	100	35	22	22
Avocado, roh	100	35	22	22
Ananas und Grapefruit, roh	200	18	11	11
Erdbeeren, roh	200	30	19	19
Banane, roh	200	46	29	29
Honigmelone, roh	200	60	37,5	37,5
Apfelsine (Orange), roh	200	70	44	44
VERSCHIEDENES				
Bierhefe	10	92	57,5	57,5
Bäckerhefe	10	93	58	58

Folsäure-Verluste bei verschiedenen Zubereitungsarten

LEBENSMITTEL (verzehrbarer Anteil)	Verluste in % der Trockensubstanz				
	Backen/ Grillen	Braten/ Rösten	Dünsten	Kochen	Schmoren
Eier	*/*	35/*	36[a]	12	*
Fettfisch	*/0	0/*	*	*	*
Weißfisch	35/*	*/*	6	*	*
Huhn	*/*	*/13-53	*	28-75	*
Ente	*/*	*/72	*	*	*
Truthahn	*/*	*/0-49	*	*	*
Lammfleisch	*/5	*/4-38	*	*	7
Kalbfleisch	*/*	*/55	*	*	*
Rindfleisch	*/0	0/0	*	0	0-13
Schweinefleisch	*/0	*/0	*	*	*
Kaninchen	*/*	*/*	*	*	44
Herz (Rind)	*/*	*/*	*	*	69
Niere (Lamm, Rind, Schwein)	*/*	*/*	*	*	35-45
Leber (Lamm, Kalb, Rind, Huhn)	*/*	14-36/*	*	*	26
Bries, (Lamm)	*/*	34/*	*	*	*
Würstchen	*/*	0-5/*	*	*	*
Nudeln	*/*	*/*	*	43-51	*
Reis	*/*	*/*	*	39	*
Kohl	*/*	*/*	*	9-35	*
Rüben	*/*	*/*	*	20-59	*
Wurzelgemüse	*/*	*/*	*	34-92	*
Kartoffeln	38/*	65/*	*	8	*
Batate	*/*	*/*	*	49	*
Blumenkohl	*/*	*/*	*	0	*
Broccoli	*/*	*/*	*	8	*
Erbsen, gefroren	*/*	*/*	*	0	*
Kohlrabi	*/*	*/*	*	39	*
Kürbis	*/*	*/*	*	0	*
Kernobst	42/*	*/*	47-53	*	*
Steinobst	*/*	*/*	61-77	*	*
Backpflaumen	*/*	*/*	29	*	*
Rhabarber	*/*	*/*	46	*	*

Durch Kochen entstehen außerdem folgende Verluste an Folsäure: Pastinake 53, Pilze 79, Zwiebeln 0, Zuckermais 36 g je 100 g TS.

a = Pochieren * = es liegen keine Daten vor

Pantothensäure

Pantothensäure ist eine wasserlösliche, zur Gruppe der B-Vitamine zählende Verbindung und kommt weit verbreitet, jedoch selten in freier Form vor. Im Körper ist sie als Baustein des Coenzym-A wirksam. In dieser Form greift die Pantothensäure zentral in den Stoffwechsel von Kohlenhydraten, Fetten und Aminosäuren ein. Ferner wird sie für die Synthese von Porphyrin (Bestandteil des Blutfarbstoffs Hämoglobin), Fettsäuren, Cholesterin und Gallensäuren benötigt und ist an verschiedenen Entgiftungsreaktionen (zum Beispiel Ausscheidung von Pharmaka) beteiligt. In Form von Coenzym-A erhöht Pantothensäure die Resistenz der Schleimhäute gegenüber Infektionen, ist an der Regulierung des Stoffwechsels der Epithelzellen und der Haut beteiligt und fördert Wachstum und Pigmentierung der Haare.

Der Bedarf des Erwachsenen an Pantothensäure wird durch eine Zufuhr von 8 mg pro Tag (= 0,8 mg/MJ) gedeckt. Sie wird mit großer Wahrscheinlichkeit zum Teil durch die Bakterien der Darmflora synthetisiert und ist auch für den Körper verfügbar.

Unter normalen Ernährungsbedingungen wurde ein Pantothensäuremangel bis jetzt nicht festgestellt.

Besonders reiche Pantothensäure-Quellen

Als besonders pantothensäurereich wurden solche Lebensmittel bezeichnet, durch die mit einer üblichen Portion mindestens 15% der von der DGE empfohlenen Pantothensäurezufuhr erreicht werden.

Die DGE (1985) empfiehlt pro Tag für weibliche und männliche Erwachsene 8 mg Pantothensäure.

LEBENSMITTEL (verzehrbarer Anteil)	Portion in g	mg je Portion	Empfohlene Zufuhr %	
			männl.	weibl.
SEEFISCHE				
Ostseehering	100	9,30	116	116
Scholle	150	1,20	15	15
Hering	150	1,41	18	18
Ostseehering	150	14,00	175	175
GEFLÜGEL				
Huhn, Herz	100	2,56	32	32
Huhn, Leber	100	7,16	89,5	89,5
Huhn, Schlegel, Brust	150	1,26	16	16
Truthahn, Jungtiere	150	1,26	16	16
Huhn, Brathuhn	150	1,44	18	18
Truthahn, ausgewachsene Tiere	150	1,65	21	21
Truthahn, Keule	150	1,695	21	21

LEBENSMITTEL (verzehrbarer Anteil)	Portion in g	mg je Portion	Empfohlene Zufuhr %	
			männl.	weibl.
HAMMELFLEISCH				
Lunge	100	1,20	15	15
Hirn	100	2,60	32,5	32,5
Herz	100	3,00	37,5	37,5
Niere	100	4,52	56,5	56,5
Leber	100	7,60	95	95
KALBFLEISCH				
Hirn	100	2,50	31	31
Niere	100	4,00	50	50
Leber	100	7,90	99	99
Bug; Kotelett; Bauch; Hals	150	1,275	16	16
Keule	150	1,40	17,5	17,5
Lunge	150	1,50	19	19
RINDFLEISCH				
Zunge	100	2,00	25	25
Hirn	100	2,50	31	31
Herz	100	2,78	35	35
Niere	100	3,85	48	48
Leber	100	7,30	91	91
Filet; Oberschale	150	1,50	19	19
SCHWEINEFLEISCH				
Herz	100	2,50	31	31
Hirn	100	2,80	35	35
Niere	100	3,10	39	39
Leber	100	6,80	85	85
BROTE				
Weißbrot	175[a]	1,21	15	15
Grahambrot	175[a]	1,38	17	17
HÜLSENFRÜCHTE				
Sojabohne	75	1,44	18	18
Erbse, Samen, gelb	75	1,575	20	20
Mungbohne	75	2,625	33	33
GEMÜSE				
Broccoli, roh	100	1,29	16	16
Spargel, roh	200	1,24	15,5	15,5
Erbsen, Schote und Samen, roh	200	1,44	18	18
Batate (Süßkartoffel), roh	200	1,66	21	21
Zuckermais, roh	200	1,78	22	22
Blumenkohl, roh	200	2,02	25	25
Broccoli, roh	200	2,58	32	32

a = Brotportion für 1. und 2. Frühstück bzw. Abendessen

V

LEBENSMITTEL (verzehrbarer Anteil)	Portion in g	µg je Portion	Empfohlene Zufuhr % männl.	Empfohlene Zufuhr % weibl.
PILZE				
Champignons	100	2,10	26	26
Steinpilze	100	2,70	34	34
Champignons	200	4,20	52,5	52,5
OBST				
Wassermelone	100	1,60	20	20
Wassermelone	200	3,20	40	40

V

Pantothensäure-Verluste bei verschiedenen Zubereitungsarten

LEBENSMITTEL (verzehrbarer Anteil)	Verluste in % der Trockensubstanz				
	Backen/ Grillen	Braten/ Rösten	Dünsten	Kochen	Schmoren
Eier	*/*	47/*	23[a]	11	*
Fettfisch	*/11	0–26/*	*	*	15
Weißfisch	*/*	35/*	24	*	*
Huhn	*/*	*/19–26	*	36–43	*
Ente	*/*	*/34	*	*	*
Truthahn	*/*	*/24–31	*	*	*
Lammfleisch	*/0	*/0–19	*	*	0
Kalbfleisch	*/*	*/54	*	*	*
Rindfleisch	*/0	0/0	*	0	0–38
Schweinefleisch	*/0	*/0	*	*	*
Kaninchen	*/*	*/*	*	*	29
Herz, Rind	*/*	*/*	*	*	58
Niere (Lamm, Rind, Schwein)	*/*	25/*	*	*	45–50
Leber (Lamm, Kalb, Rind, Huhn)	*/*	27–33/*	*	*	41
Bries (Lamm)	*/*	51/*	*	*	*
Würstchen	*/0	0/*	*	*	*
Reis	*/*	*/*	*	3	*
Kohl	*/*	*/*	*	0	*
Rüben	*/*	*/*	*	35–62	*
Wurzelgemüse	*/*	*/*	*	0–15	*
Kartoffeln	44/*	55/*	*	18	*
Batate	*/*	*/*	*	25	*
Blumenkohl	*/*	*/*	*	7	*

LEBENSMITTEL (verzehrbarer Anteil)	Verluste in % der Trockensubstanz				
	Backen/ Grillen	Braten/ Rösten	Dünsten	Kochen	Schmoren
Broccoli	*/*	*/*	*	24	*
Erbsen, roh	*/*	*/*	*	54	*
gefroren	*/*	*/*	*	54	*
Kohlrabi	*/*	*/*	*	15	*
Beerenobst	*/*	*/*	3–21	*	*
Kernobst	13/*	*/*	6–17	*	*
Steinobst	*/*	*/*	7–71	*	*
Backpflaumen	*/*	*/*	22	*	*
Rhabarber	*/*	*/*	20	*	*

Durch Kochen entstehen außerdem folgende Verluste an Pantothensäure: Kürbis 0, Lauch 0, Pastinake 27, Pilze 83, Zwiebeln 0, Zuckermais 30 g je 100 g TS.

[a] = Pochieren * = es liegen keine Daten vor

Biotin

Dieses zum B-Komplex gehörende Vitamin kommt in allen Zellen, jedoch in geringer Konzentration, vor. Im Stoffwechsel ist Biotin für die Synthese von Fettsäuren und für viele Reaktionen, bei denen die Übertragung einer Carboxylgruppe benötigt wird, erforderlich. Auf diesem Wege unterstützt Biotin das Vitamin K bei der Synthese des Gerinnungsfaktors Prothrombin. Generell kann Biotin als ein Wachstumsfaktor in der gesamten belebten Natur angesehen werden.
Der Bedarf an Biotin kann nicht zuverlässig angegeben werden. Als Richtwert werden 12 µg/MJ genannt. Der alten Annahme, daß der Körper von einer Biotinzufuhr völlig unabhängig sei, da für die Bedarfsdeckung genügend Biotin durch die Darmbakterien gebildet werde, wird in der neuen Literatur immer häufiger widersprochen, denn das endogen entstandene Biotin ist dem Körper nur in ganz geringem Umfang verfügbar.
Ein Mangel an Biotin ist beim Menschen äußerst selten. Biotinmangelerscheinungen können in Form schuppiger Hautveränderungen (Dermatiden) an Händen, Armen und Beinen auftreten. In fortgeschrittenem Stadium wurde, insbesondere bei Kleinkindern, eine Austrocknung und Verfärbung der Haut und Schleimhäute beobachtet.

Besonders reiche Biotin-Quellen

Als besonders biotinreich wurden solche Lebensmittel bezeichnet, durch die mit einer üblichen Portion mindestens 10% der von der DGE empfohlenen Biotinzufuhr erreicht werden (orientiert an der Empfehlung für männliche Erwachsene).
Nach den Angaben der DGE (1985) ist der Bedarf männlicher und weiblicher Erwachsener bei einer täglichen Zufuhr von 12 µg/MJ gedeckt. Bei Zugrundelegung einer empfohlenen Energiezufuhr von 11 MJ pro Tag für männliche Erwachsene und 9 MJ pro Tag für weibliche Erwachsene errechnet sich daraus ein täglicher Biotin-Bedarf von 130 µg für Männer und 110 µg für Frauen.

LEBENSMITTEL (verzehrbarer Anteil)	Portion in g	µg je Portion	Empfohlene Zufuhr %	
			männl.	weibl.
KALBFLEISCH				
Leber	100	75	58	68
Niere	100	80	62	73
HAMMELFLEISCH				
Leber	100	130	100	118
RINDFLEISCH				
Niere	100	20–90	15–69	18–82
SCHWEINEFLEISCH				
Leber	100	27	21	25
Niere	100	30–130	23–100	27–118
HÜLSENFRÜCHTE				
Erbse, Samen, gelb	75	14	11	13
Sojabohnen	75	45	35	41
GEMÜSE				
Spinat	200	14	11	13
PILZE				
Champignons	100	16	12	15
Champignons	200	32	25	29

Biotinverluste bei verschiedenen Zubereitungsarten

LEBENSMITTEL (verzehrbarer Anteil)	Verluste in % der Trockensubstanz				
	Backen/ Grillen	Braten/ Rösten	Dünsten	Kochen	Schmoren
Eier	*/*	31/*	0[a]	0	*
Fettfisch	*/0	0–13/*	*	*	*
Weißfisch	35/*	*/*	20	*	*
Huhn	*/*	*/0–20	*	0–12	*
Ente	*/*	*/53	*	*	*
Truthahn	*/*	*/20–25	*	*	*
Lammfleisch	*/5	*/4–15	*	*	9
Rindfleisch	*/*	*/*	*	*	0
Schweinefleisch	*/10–16	*/14	*	*	*
Kaninchen	*/*	*/*	*	*	28
Herz (Rind)	*/*	*/*	*	*	0
Niere (Lamm, Rind, Schwein)	*/*	0/*	*	*	0
Leber (Lamm, Kalb, Rind, Huhn)	*/*	13–39/*	*	*	0
Bries (Lamm)	*/*	0/*	*	*	*
Würstchen	*/0–5	0–5/*	*	*	*
Reis	*/*	*/*	*	2	*
Wurzelgemüse	*/*	*/*	*	21	*
Blumenkohl	*/*	*/*	*	12	*
Broccoli	*/*	*/*	*	35	*
Erbsen, roh	*/*	*/*	*	14	*
gefroren	*/*	*/*	*	13	*
Lauch	*/*	*/*	*	0	*
Zwiebeln	*/*	*/*	*	0	*
Beerenobst	*/*	*/*	0–22	*	*
Kernobst	4/*	*/*	0	*	*

a = Pochieren * = es liegen keine Daten vor

* = es liegen keine Daten vor

V

Vitamin B_{12} (Cobalamin)

Vitamin B_{12} ist eine Sammelbezeichnung für eine ganze Reihe von Corrinoiden (Cobalaminen), von denen Cyanocobalamin das wichtigste ist. Als einziges Vitamin enthält das Vitamin B_{12} in seinem Molekül einen anorganischen Teil, das Spurenelement Kobalt, dessen Essentialität für den Körper somit begründet wird. Vitamin B_{12} wurde bisher nur in tierischen Geweben und Organen (Muskel, Leber) nachgewiesen.
Vitamin B_{12} ist als Coenzym vieler Enzyme anzusehen. Es wird von jeder Körperzelle benötigt. Daher sind die Folgen eines Vitamin-B_{12}-Mangels am deutlichsten in Geweben und Zellen mit hoher Stoffwechsel- und Zellteilungsrate wie Knochenmark und Nervenzellen. Vitamin B_{12} wird auch für die Umwandlung der Folsäure in ihre physiologisch aktive Form (Tetrahydrofolsäure) benötigt.
Der Bedarf an Vitamin B_{12} wird auf 2,5 µg pro Tag geschätzt. Das Vitamin wird weder von Pflanzen noch von Tieren gebildet; nur eine

Vitamin B_{12}

Reihe von Mikroorganismen – etwa solche im Magen-Darm-Trakt der Schlachttiere – sind befähigt, es zu bilden. Auch die Darmflora des menschlichen Körpers kann Vitamin B_{12} bilden, jedoch ist es dort dem Körper nicht verfügbar, da die Voraussetzungen zur Resorption im Dickdarm nicht gegeben sind, weil ein von der Magenschleimhaut gebildeter Wirkstoff, der Intrinsic Factor, fehlt.
Vitamin-B_{12}-Mangel führt zum Krankheitsbild megaloblastische Anämie (Störung der Bildung der Blutzellen, Bildung von abnormen, großen, aber unreifen Zellen) und zu Magenschleimhautatrophie. Letztere ist verbunden mit geringer Magensäuresekretion und gestörter Synthese des Intrinsic Factors, wodurch die Resorption des mit der Nahrung aufgenommenen Vitamins beeinträchtigt wird.

Besonders reiche Vitamin-B_{12}-Quellen

Als besonders reich an Vitamin B_{12} wurden solche Lebensmittel bezeichnet, durch die mit einer üblichen Portion mindestens 15% der von der DGE empfohlenen Zufuhr von Vitamin B_{12} erreicht werden.
Die DGE (1985) empfiehlt pro Tag für männliche und weibliche Erwachsene 5 µg Vitamin B_{12}.

LEBENSMITTEL (verzehrbarer Anteil)	Portion in g	µg je Portion	Empfohlene Zufuhr %	
			männl.	weibl.
MILCH UND MILCHPRODUKTE				
Magermilchjoghurt, 0,3% Fett	175	0,75	15	15
Kuhmilch; Rohmilch; Trinkmilch, 3,5 und 1,5% Fett	200	0,8	16	16
KÄSE				
Rahmbrie, 50% Fett i. Tr.	45	0,8	16	16
Edamer, 40% und 45% Fett i. Tr.	45	0,9	18	18
Emmentaler und Tilsiter, 45% Fett i. Tr.	45	1,0	20	20
Camembert, 50% Fett i. Tr.	45	1,2	24	24
Camembert, 45% Fett i. Tr.	45	1,3	26	26
Camembert, 30% Fett i. Tr.	45	1,4	28	28
SEEFISCHE				
Flunder; Heilbutt	100	1,0	20	20
Scholle	100	1,45	29	29
Seelachs	100	3,5	70	70
Rotbarsch	100	3,8	76	76
Thunfisch	100	4,25	85	85
Hering	100	8,5	170	170
Makrele	100	9,0	180	180
Kabeljau	150	0,8	16	16
Flunder; Heilbutt	150	1,5	30	30
Seelachs	150	5,25	105	105
Rotbarsch	150	5,7	114	114
Thunfisch	150	6,4	127,5	127,5
Hering	150	12,75	255	255
Makrele	150	13,5	270	270
SÜSSWASSERFISCHE				
Aal	100	1,0	20	20
Lachs	100	2,9	58	58
Aal	150	1,5	30	30
Lachs	150	4,4	87	87
FISCHDAUERWAREN				
Lachs in Dosen	45	2,0	40	40
Salzhering; Heringsfilet in Tomatensoße	45	2,7	54	54
Bückling	45	4,4	88	88
GEFLÜGEL				
Huhn, Herz	100	4,2	85	85
Huhn, Leber	100	23,0	460	460
Huhn, Brathuhn	150	0,75	15	15
HAMMELFLEISCH				
Keule	100	3,0	60	60
Lunge	100	5,0	100	100
Herz	100	5,2	104	104
Hirn	100	7,3	146	146
Leber	100	35,0	700	700
Niere	100	63,0	1260	1260
Keule	150	4,5	90	90
KALBFLEISCH				
Bug; Bauch; Hals; Keule	100	1,2	24	24
Kotelett	100	1,6	32	32
Lunge	100	3,3	66	66
Hirn	100	5,7	114	114
Herz	100	11,0	220	220
Niere	100	25,0	500	500
Leber	100	60,0	1200	1200
Bug; Bauch; Hals; Keule	150	1,8	36	36
Kotelett	150	2,4	48	48
RINDFLEISCH				
Filet; Oberschale	100	2,0	40	40
Keule	100	2,2	44	44
Querrippe	100	2,7	54	54

LEBENSMITTEL (verzehrbarer Anteil)	Portion in g	µg je Portion	Empfohlene Zufuhr % männl.	Empfohlene Zufuhr % weibl.
Rindfleisch, Lunge	100	3,3	66	66
Hirn	100	3,4	68	68
Herz	100	9,9	198	198
Niere	100	33,4	668	668
Filet; Oberschale	150	3,0	60	60
Keule	150	3,3	66	66
Querrippe	150	4,05	81	81
SCHWEINEFLEISCH				
Kamm	100	0,8	16	16
Schlegel	100	1,0	20	20
Herz	100	2,7	54	54
Hirn	100	2,8	56	56
Niere	100	15,0	300	300
Leber	100	39,0	780	780
Bug	150	0,8	17	17
Kamm	150	1,2	24	24
Schlegel	150	1,5	30	30
SONSTIGE FLEISCHARTEN				
Pferd	100	3,0	60	60
Schaf	100	5,0	100	100
Pferd	150	4,5	90	90
Schaf	150	7,5	150	150
FLEISCHPRODUKTE				
Leberpastete	25	0,8	16	16
Blutwurst	25	11,25	225	225
Luncheon meat	45	1,2	24	24
Leberpastete	45	1,4	28	28
Blutwurst	45	20,25	405	405

Vitamin-B_{12}-Verluste bei verschiedenen Zubereitungsarten

LEBENSMITTEL (verzehrbarer Anteil)	Verluste in % der Trockensubstanz				
	Backen/ Grillen	Braten/ Rösten	Dünsten	Kochen	Schmoren
Eier	*/*	31/*	0,4[a]	0	*
Fettfisch	*/0	0/*	*	*	26
Weißfisch	35/*	*/*	20	*	*
Huhn	*/*	*/21	*	33	*
Ente	*/*	*/30	*	*	*

a = Pochieren * = es liegen keine Daten vor

LEBENSMITTEL (verzehrbarer Anteil)	Verluste in % der Trockensubstanz				
	Backen/ Grillen	Braten/ Rösten	Dünsten	Kochen	Schmoren
Truthahn	*/*	*/20–25	*	*	*
Lammfleisch	*/0	*/5–17	*	*	7
Kalbfleisch	*/*	*/45	*	*	*
Rindfleisch	*/18	24/0–21	*	0	0–55
Schweinefleisch	*/54–57	*/57	*	*	*
Kaninchen	*/*	*/*	*	*	16
Herz (Rind)	*/*	*/*	*	*	29
Niere (Lamm, Rind, Schwein)	*/*	10/*	*	*	32–44
Leber (Lamm, Kalb, Rind, Huhn)	*/*	24–44/*	*	*	16
Bries (Lamm)	*/*	59/*	*	*	*
Würstchen	*/0	0/*	*	*	*

* = es liegen keine Daten vor

V

Vitamin C (Ascorbinsäure)

Vitamin C ist ein wasserlösliches Vitamin, das in den Pflanzen und im Körper der meisten Tiere aus Zucker aufgebaut wird. Als Vitamin wirksam sind die L-Ascorbinsäure und die aus ihr nach Oxidation gebildete L-Dehydroascorbinsäure.
Vitamin C ist Bestandteil jeder pflanzlichen und tierischen Zelle. Es kommt in freier Form oder an Protein gebunden (Ascorbigen, für den Menschen ohne biologische Wirkung) vor.
Vitamin C wird für die Bildung und Funktionserhaltung der Stützgewebe (Bindegewebe, Knochen, Knorpel, Dentin) benötigt. Eine ausreichende Vitamin-C-Versorgung beschleunigt den Heilungsprozeß von Wunden und Knochenbrüchen. Vitamin C kann als ein Aktivator/Regulator des Zellstoffwechsels im weitesten Sinne angesehen werden. Es stimuliert die Abwehrkräfte des Körpers. Seine Hauptfunktionen beruhen auf seiner Wirkung als Antioxidans. Es ist an vielen Oxido-Reduktionen im Körper, zum Beispiel der Reduktion von Eisen oder der Folsäure und der Oxidation aromatischer Aminosäuren beteiligt.
Der Bedarf des Erwachsenen an Vitamin C wird von der FAO/WHO mit 30 mg pro Tag angegeben. Dem typischen klinischen Mangelsymptom (Skorbut) kann jedoch bereits ab 15 mg Vitamin C pro Tag entgegengewirkt werden. Diese Dosis (15 mg/Tag) kann daher als

„Skorbutschutzschwelle" angesehen werden. Weil die Ascorbinsäure leicht zerstört wird, ist die wünschenswerte Zufuhr an Vitamin C mit 75 mg pro Tag (= 7–8 mg/MJ) angegeben.
Der Bedarf ist erhöht bei starker körperlicher Belastung, während der Schwangerschaft und Stillzeit, bei fiebrigen Erkrankungen, Schilddrüsenüberfunktion und nach operativen Eingriffen. Ferner muß bei hoher Flüssigkeitszufuhr mit einer Erhöhung des Vitamin-C-Bedarfs gerechnet werden.
Für den schweren Vitamin-C-Mangel ist das Krankheitsbild Skorbut mit multiplen Blutungen in Zahnfleisch, Haut und Schleimhäuten, Muskulatur und Gelenken kennzeichnend. Auch Anämie wurde beobachtet. Häufiger jedoch treten leichte Vitamin-C-Mangelzustände auf, mit Anzeichen verschlechterten Wohlbefindens wie Frühjahrsmüdigkeit, erhöhter Krankheitsanfälligkeit, rascher Ermüdung.

Besonders reiche Vitamin-C-Quellen

Als besonders reich an Vitamin C wurden solche Lebensmittel bezeichnet, durch die mit einer üblichen Portion mindestens 50% der von der DGE empfohlenen Zufuhr von Vitamin C erreicht werden.
Die DGE (1985) empfiehlt pro Tag für männliche und weibliche Erwachsene 75 mg Vitamin C.

LEBENSMITTEL (verzehrbarer Anteil)	Portion in g	mg je Portion	Empfohlene Zufuhr %	
			männl.	weibl.
GEFLÜGEL				
Huhn, Leber	150	42	56	56
KALBFLEISCH				
Lunge	100	39	52	52
Bries	100	56	75	75
Leber	150	52,5	70	70
RINDFLEISCH				
Lunge	100	39	52	52
GEMÜSE				
Mangold, roh	100	39	52	52
Kohlrübe, roh	100	43	57	57
Blumenkohl, tiefgefroren	100	46	61	61
Weißkohl, roh	100	47	63	63
Wirsing und Rotkohl, roh	100	50	67	67
Spinat, roh; Brunnenkresse, roh	100	51	68	68
Kohlrabi, roh	100	66	88	88
Blumenkohl, roh	100	69	92	92
Fenchelkraut, roh	100	93	124	124
Rosenkohl, roh	100	102	136	136
Grünkohl, roh	100	105	140	140
Broccoli, roh	100	110	147	147
Paprikafrüchte, roh	100	140	186	186
Bohnen, grün, roh	200	38	51	51
Sauerkraut, abgetropft, roh	200	40	53	53
Tomaten, roh	200	48	64	64
Weiße Rübe, roh; Erbsen, grün, roh	200	50	67	67
Spargel, roh	200	56	75	75
Spinat, tiefgefroren	200	58	77	77
Porree, Knolle, roh; Bataten, roh	200	60	80	80
Kohlrübe, roh	200	86	115	115
Blumenkohl, tiefgefroren	200	92	123	123
Weißkohl, roh	200	94	125	125
Wirsing und Rotkohl, roh	200	100	133	133
Spinat, roh	200	102	136	136
Kohlrabi, roh	200	132	176	176
Blumenkohl, roh	200	138	184	184
Rosenkohl, roh	200	204	272	272
Grünkohl, roh	200	210	280	280
Broccoli, roh	200	220	293	293
Paprika, roh	200	280	373	373
Kartoffel, roh, frisch geerntet	250	55	73	73
OBST				
Grapefruit, Saft	100	40	53	53
Grapefruit, roh	100	41	55	55
Apfelsine, Saft, ungesüßte Handelsware	100	42	56	56
Apfelsine, roh	100	50	67	67
Apfelsine, Saft, frisch gepreßt	100	52	69	69
Erdbeeren, tiefgefroren	100	60	80	80
Erdbeeren, roh	100	62	83	83
Papaya, roh	100	70	93	93
Ebereschenfrucht, süß, roh	100	98	131	131
Kiwi, roh	100	100	133	133
Guavas in Dosen mit Sirup	100	180	240	240
Johannisbeeren, schwarz, roh	100	189	252	252
Sanddornbeeren, Saft	100	266	355	355
Sanddornbeeren, roh	100	450	600	600
Acerola, Saft	100	1000	1333	1333
Acerola, roh	100	1500	2000	2000

LEBENSMITTEL (verzehrbarer Anteil)	Portion in g	mg je Portion	Empfohlene Zufuhr %	
			männl.	weibl.
Ananas und Passionsfrucht, roh	200	40	53	53
Heidelbeeren, roh	200	44	59	59
Cherimoya, roh	200	50	67	67
Honigmelone, Melone, grün, rund, roh	200	50	67	67
Himbeeren, roh, tiefgefroren und Saft frisch	200	50	67	67
Erdbeeren, in Dosen, gesüßt	200	60	80	80
Johannisbeeren, Saft, schwarz	200	60	80	80
Mango, roh	200	60	80	80
Mandarinen, roh oder Saft	200	64	85	85
Johannisbeeren, weiß, Litschi, roh, Loganbeere, roh/in Dosen, gesüßt	200	70	93	93
Johannisbeeren, rot, roh	200	72	96	96
Grapefruit, Saft	200	80	107	107
Grapefruit, roh	200	82	109	109
Apfelsine, Saft, ungesüßte Handelsware	200	84	112	112
Apfelsine, roh	200	100	133	133
Apfelsine, Saft, frisch gepreßt	200	104	139	139
Erdbeeren, tiefgefroren	200	120	160	160
Erdbeeren, roh	200	124	165	165
Kiwi, roh	200	200	267	267
Guavas in Dosen mit Sirup	200	360	480	480
Johannisbeeren, schwarz, roh	200	378	504	504
Sanddornbeeren, Saft	200	532	709	709
Sanddornbeeren, roh	200	900	1200	1200
Acerola, Saft	200	2000	2666	2666
Acerola, roh	200	3000	4000	4000

Vitamin-C-Verluste bei verschiedenen Zubereitungsarten

LEBENSMITTEL (verzehrbarer Anteil)	Verluste in % der Trockensubstanz				
	Backen/ Grillen	Braten/ Rösten	Dünsten	Kochen	Schmoren
Herz (Rind)	*/*	*/*	*	*	47
Niere, (Lamm, Rind, Schwein)	*/*	19/*	*	*	44–51
Leber, (Lamm, Kalb, Rind, Huhn)	*/*	6-57/*	*	*	45
Bries (Lamm)	*/*	39/*	*	*	*
Kohl	*/*	*/*	*	0–58	*
Rüben	*/*	*/*	*	36-45	*
Wurzelgemüse	*/*	*/*	*	0–40	*
Kartoffeln	33–48/*	46–58/*	*	13–38	*
Batate	*/*	*/*	*	36	*
Blumenkohl	*/*	*/*	*	41–60	*
Broccoli	*/*	*/*	*	52-59	*
Erbsen, roh	*/*	*/*	*	0–96	*
gefroren	*/*	*/*	*	17	*
Kohlrabi	*/*	*/*	*	24-35	*
Kürbis	*/*	*/*	*	0	*
Lauch	*/*	*/*	*	0	*
Pastinake	*/*	*/*	*	0–31	*
Pilze	*/*	*/*	*	92	*
Tomaten	51–84/*	*/*	*	*	*
Zwiebeln	*/*	*/*	*	0–15	*
Zuckermais	*/*	*/*	*	25	*
Beerenobst	*/*	*/*	0–24	*	*
Kernobst	10/*	*/*	0–6	*	*
Steinobst	*/*	*/*	0–21	*	*
Rhabarber	*/*	*/*	14	*	*

* = es liegen keine Daten vor

* = es liegen keine Daten vor

V

Vitamin-Verluste in Lebensmitteln

durch verschiedene Verarbeitungs- und Zubereitungsverfahren, angegeben in % des Gehalts der Rohware

LEBENSMITTEL (verzehrbarer Anteil)	Vitamin A	Carotin	Vitamin D	Vitamin E	Vitamin K	Vitamin B_1	Vitamin B_2	Niacin	Vitamin B_6	Folsäure	Panto-thens.	Biotin	Vitamin B_{12}	Vitamin C
MILCH														
Pasteurisation	0	0	0	10-20		10	0	0	0	12	0	0	10	12-25
Sterilisation														
in Flaschen	0	0				35	0	0	50	50	0	0	90	90
UHT	0	0	0			10	0	0	10	10	0	0	10	25
Trocknung														
Walzentrocknung	0	0	0			15	0	0	0	10	0	10	30	30
Sprühtrocknung	0	0	0			10	0	0	0	10	0	10	30	15
Bestrahlung 440 krad (Ionen)	70	40	0	60		0								
1000 krad (Ionen)						90	75	+	80	+			0	+
FLEISCH														
Sterilisation	20-40			65		80	6	10	40	10	20		+	
Gefrieren (-18°C)						0	1	0	10		22		0-5	
Gefriertrocknung				40		0-5	2		0		0-30		0-30	
Bestrahlung 4500 krad (Ionen)				50		15	12	12	2					
1000-5000 krad (Ionen)	43			40						0			+	
BLATTGEMÜSE														
Blanchieren														
Dampf		+				20	5-25	10	21	0-10				16-26
Wasser		+				16-34	30-50	32-37		20-45				16-58
Hitzebehandlung														
Eindosen	0-84	0-30				76	24	22	-60	10-20	30-85	0-78		48
Gefriertrocknung		12				15-20	0-10	10			10			43
Lufttrocknung		50-80	20-30	10-18		+								50-70
Gefrieren (-18°C)		0-4		10-60	42	0-16	0	0-8	7	0	29			
KNOLLENGEMÜSE														
Hitzebehandlung														
Eindosen						56	44	56	49					28
Braten						25	20	10	9					23
Bestrahlung 100 krad (Ionen)														hoch
Lagerhaltung						hoch bei Keimung	0	0	Erhöhung					10 je Monat
OBST														
Sterilisation	0-60	-40				10-35	0-40	0-50	0-40	+	10-70	40-80		-50
Trocknung														
Gefriertrocknung		10				15-20	4-20		+					20-30
Lufttrocknung		80-90				20-30	10-18	37	+		33			50-70
Gefrieren (-18°C)		0-4				10	0	10	0-7	0-6	10-20			10-50
Bestrahlung 40-300 krad (Ionen)														0-30
2700-5580 krad						hoch		50-60						

+ = gering

LEBENSMITTEL (verzehrbarer Anteil)	**Brennwert**		**A** (Ret.-Ä.)		**E** (Toc.-Ä.)		$\mathbf{B_1}$ (Thiamin)		$\mathbf{B_2}$ (Riboflavin)		**Niacin**		$\mathbf{B_6}$ (Pyridoxin)		**C** (Ascorbinsäure)	
	kcal/ 100 g	MJ/ 100 g	Gehalt µg/ 100 g	Dichte mg/ MJ	Gehalt mg/ 100 g	Dichte mg/ MJ	Gehalt mg/ 100 g	Dichte mg/ MJ	Gehalt mg/ 100 g	Dichte mg/ MJ	Gehalt mg/ 100 g	Dichte mg/ MJ	Gehalt mg/ 100 g	Dichte mg/ MJ	Gehalt mg/ 100 g	Dichte mg/ MJ
Milch, Milchprodukte und Eier																
MILCH																
Frauenmilch	67	0,278	57	0,21	0,2	0,7	0,01	0,04	0,04	0,14	0,2	0,72	0,01	0,04	4	14,4
Kuhmilch, H-Milch, 3,5% Fett	64	0,267	31	0,12	0,1	0,4	0,03	0,11	0,18	0,67	0,1	0,37	0,04	0,15	1	3,7
H-Milch, fettarm, 1,5% Fett	47	0,195	13	0,07	+	+	0,03	0,15	0,18	0,92	0,1	0,51	0,04	0,21	1	5,1
H-Milch, entrahmt	35	0,144	1	0,01	+	+	0,03	0,21	0,19	1,32	0,1	0,69	0,04	0,28	1	6,9
Rohmilch, Vorzugsmilch	67	0,279	33	0,12	0,1	0,4	0,04	0,14	0,18	0,65	0,1	0,36	0,05	0,18	2	7,2
Trinkmilch, 3,5% Fett	64	0,267	31	0,12	0,1	0,4	0,03	0,11	0,18	0,67	0,1	0,37	0,05	0,19	1	3,7
Trinkmilch, fettarm, 1,5% Fett	47	0,195	13	0,07	+	+	0,03	0,15	0,18	0,92	0,1	0,51	0,05	0,26	1	5,1
Trinkmilch, entrahmt	35	0,144	1	0,01	+	+	0,03	0,21	0,19	1,32	0,1	0,69	0,05	0,35	1	6,9
Ziegenmilch	69	0,289	73	0,30	*	*	0,05	0,17	0,15	0,52	0,3	1,04	0,03	0,10	2	6,9
MILCHPRODUKTE																
Buttermilch	35	0,144	9	0,06	+	+	0,03	0,21	0,16	1,11	0,1	0,69	0,04	0,28	1	6,9
Joghurt aus Trinkmilch, 3,5% Fett	61	0,254	31	0,12	0,1	0,4	0,03	0,12	0,18	0,71	0,1	0,39	0,05	0,19	1	3,9
Joghurt, fettarm, 1,5% Fett	44	0,182	13	0,07	+	+	0,03	0,16	0,18	0,99	0,1	0,55	0,05	0,27	1	5,5
Joghurt aus Magermilch	32	0,133	1	0,01	+	+	0,03	0,23	0,19	1,43	0,1	0,75	0,05	0,38	1	7,5
Kefir[a] aus Trinkmilch, 3,5% Fett	61	0,254	31	0,12	0,1	0,4	0,03	0,12	0,18	0,71	0,1	0,39	0,05	0,20	1	3,9
Kondensmilch, 4% Fett	128	0,534	29	0,05	0,1	0,2	0,10	0,19	0,51	0,96	0,3	0,56	0,08	0,15	3	5,6
7,5% Fett	133	0,556	53	0,09	0,2	0,4	0,07	0,13	0,37	0,67	0,2	0,36	0,06	0,11	2	3,6
10% Fett	176	0,737	72	0,09	0,2	0,3	0,09	0,12	0,48	0,65	0,3	0,41	0,08	0,11	3	4,1
Molke, süß	24	0,100	3	0,03	+	+	0,04	0,40	0,15	1,50	0,2	2,00	0,04	0,40	1	10
Sahne, 10% Fett (Kaffeerahm)	123	0,516	74	0,14	0,3	0,6	0,03	0,06	0,16	0,31	0,1	0,19	0,04	0,08	1	1,9
30% Fett (Schlagsahne)	309	1,291	275	0,21	0,8	0,6	0,03	0,02	0,15	0,12	0,1	0,08	0,04	0,03	1	0,7
Trockenmilchpulver aus Vollmilch	439	2,064	253	0,12	*	*	0,27	0,13	1,40	0,68	0,7	0,34	0,20	0,10	11	5,3
Trockenmilchpulver aus Magermilch	348	1,455	12	0,01	+	+	0,34	0,23	2,18	1,50	1,1	0,76	0,28	0,19	2	1,4
KÄSE																
HARTKÄSE																
Chester (Cheddar), 50% Fett i. Tr.	391	1,638	440	0,27	1,0	0,6	0,04	0,02	0,44	0,37	0,1	0,06	0,06	0,04	+	+
Emmentaler, 45% Fett i. Tr.	382	1,599	343	0,21	0,4	0,3	0,05	0,03	0,34	0,21	0,2	0,13	0,07	0,04	1	0,6
Parmesan, 35% Fett i. Tr.	375	1,567	340	0,22	0,5	0,3	0,02	0,01	0,62	0,40	0,2	0,13	0,10	0,06	0	0
SCHNITTKÄSE																
Edamer, 45% Fett i. Tr.	354	1,481	220	0,15	0,4	0,3	0,06	0,04	0,35	0,24	0,1	0,07	0,06	0,04	+	+
30% Fett i. Tr.	251	1,052	150	0,14	0,2	0,2	0,06	0,06	0,35	0,33	0,1	0,10	0,06	0,06	+	+
Edelpilzkäse, 50% Fett i. Tr.	353	1,475	290	0,19	0,8	0,5	0,04	0,03	0,55	0,37	0,8	0,54	0,18	0,12	0	0
Gouda, 45% Fett i. Tr.	365	1,526	260	0,17	0,5	0,3	0,03	0,02	0,20	0,13	0,1	0,07	0,08	0,05	1	0,7
WEICHKÄSE																
Brie, 50% Fett i. Tr. (Rahmbrie)	342	1,429	156	0,11	*	*	0,05	0,03	0,35	0,24	1,1	0,77	0,23	0,16	+	+

V

Werte stellen das Mittel handelsüblicher Produkte dar. Sie wurden teils analytisch, teils durch Berechnung ermittelt. + = in Spuren, * = keine Daten a = handelsüblicher Kefir enthält bis zu 5% Alkohol

Vitamingehalt und Vitamindichte ausgewählter Lebensmittel

V

LEBENSMITTEL (verzehrbarer Anteil)	**Brennwert**		**A** (Ret.-Ä.)		**E** (Toc.-Ä.)		B_1 (Thiamin)		B_2 (Riboflavin)		**Niacin**		B_6 (Pyridoxin)		**C** (Ascorbinsäure)	
	kcal/ 100 g	MJ/ 100 g	Gehalt µg/ 100 g	Dichte mg/ MJ	Gehalt mg/ 100 g	Dichte mg/ MJ	Gehalt mg/ 100 g	Dichte mg/ MJ	Gehalt mg/ 100 g	Dichte mg/ MJ	Gehalt mg/ 100 g	Dichte mg/ MJ	Gehalt mg/ 100 g	Dichte mg/ MJ	Gehalt mg/ 100 g	Dichte mg/ MJ
Camembert, 60% Fett i.Tr.	378	1,580	630	0,40	0,8	0,5	0,04	0,03	0,37	0,23	1,2	0,76	0,20	0,13	+	+
45% Fett i.Tr.	285	1,191	362	0,30	0,5	0,4	0,05	0,04	0,60	0,50	1,1	0,92	0,25	0,21	+	+
30% Fett i.Tr.	206	0,864	217	0,25	0,3	0,3	0,05	0,06	0,67	0,78	1,2	1,39	0,28	0,32	+	+
Limburgerkäse, 40% Fett i.Tr.	267	1,117	380	0,34	*	*	0,05	0,04	0,35	0,31	0,1	0,09	0,09	0,08	+	+
20% Fett i.Tr.	183	0,766	40	0,05	*	*	0,04	0,05	*	*	*	*	*	*	+	+
FRISCHKÄSE																
Doppelrahmkäse, 60% Fett i.Tr.	329	1,375	325	0,24	0,7	0,5	0,05	0,04	0,23	0,17	0,1	0,07	0,06	0,04	0	0
Schichtkäse, 20% Fett i.Tr.	110	0,462	30	0,06	*	*	0,05	0,11	0,30	0,65	0,1	0,22	*	*	+	+
Speisequark, 20% Fett i.Tr.	110	0,458	44	0,09	0,1	0,2	0,04	0,09	0,27	0,59	0,1	0,22	0,09	0,20	1	2,2
Speisequark, mager	73	0,304	2	0,01	0,1	0,3	0,04	0,13	0,31	1,02	0,2	0,66	0,10	0,33	1	3,3
SCHMELZKÄSE																
Schmelzkäse, 45% Fett i.Tr.	270	1,130	300	0,27	*	*	0,03	0,03	0,38	0,34	0,2	0,18	0,07	0,06	*	*
EIER UND TROCKENEIPULVER																
1 Hühnerei, St. 58 g (Gew.-Kl. 4)[a]	84	0,351	105	0,30	0,4	1,2	0,07	0,20	0,18	0,51	+	+	0,06	0,17	+	+
St. 48 g (Gew.-Kl. 6)[b]	70	0,291	88	0,30	0,3	1,0	0,06	0,20	0,15	0,52	+	+	0,05	0,17	0	0
1 Eidotter, mittelgroß, 19 g	68	0,283	105	0,37	0,4	1,4	0,06	0,21	0,08	0,28	+	+	0,06	0,21	0	0
1 Eiklar, mittelgroß, 33 g	16	0,067	+	0	0	0	0,01	0,15	0,11	1,64	+	+	+	+	+	+
Hühnervollei, getrocknet	571	2,388	800	0,34	9,5	3,9	0,44	0,18	1,38	0,58	0,2	0,08	0,08	0,03	0	0
Hühnereigelb, getrocknet	681	2,850	1,1 mg	0,39	*	*	0,50	0,18	0,66	0,23	0,1	0,04	0,58	0,20	0	0
Hühnereiklar, getrocknet	352	1,471	0	0	*	*	0,04	0,03	2,10	1,43	0,7	0,48	0,02	0,01	0	0
Fette und Öle																
TIERISCHE FETTE UND ÖLE																
Butter (Süß- und Sauerrahm)	754	3,156	653	0,21	2,2	0,7	0,01	<0,01	0,02	0,01	+	+	0,01	<0,01	+	+
Butterschmalz	897	3,752	890	0,24	3,6	1,0	*	*	*	*	*	*	*	*	0	0
Lebertran	899	3,762	25,5 mg	6,99	3,3	0,9	*	*	0	0	0	0	*	*	*	*
Rindertalg	872	3,647	280	0,08	1,3	0,4	0	0	0	0	0	0	*	*	1	0,3
Schweineschmalz	898	3,756	0	0	1,5	0,4	0	0	0	0	0	0	*	*	0	0
PFLANZLICHE FETTE UND ÖLE																
Baumwollsamenöl	897	3,754	+	+	52,0	13,9	*	*	*	*	*	*	*	*	*	*
Erdnußöl	895	3,746	0	0	25,5	6,8	*	*	*	*	*	*	*	*	*	*
Erdnußpaste (Erdnußmus)	611	2,555	*	*	*	*	0,12	0,05	0,10	0,04	16,2	6,34	*	*	0	0
Kokosfett, gereinigt	894	3,741	+	+	0,6	0,2	0	0	0	0	0	0	*	*	*	*
Leinöl	896	3,747	*	*	5,2	1,4	*	*	*	*	*	*	*	*	*	*
Maiskeimöl	899	3,762	23	<0,01	31,1	8,3	*	*	*	*	*	*	*	*	*	*
Margarine	722	3,023	608[c]	0,20	13,6	4,5	*	*	*	*	+	+	*	*	+	+
Mayonnaise, 80% Fett	727	3,040	84	0,03	15,0	4,9	0,02	0,01	0,04	0,01	+	+	0,01	<0,01	0	0
Olivenöl	897	3,754	120	0,03	13,2	3,5	0	0	0	0	0	0	*	*	0	0

Werte stellen das Mittel handelsüblicher Produkte dar. Sie wurden teils analytisch, teils durch Berechnung ermittelt. + = in Spuren, * = keine Daten

a = Schalenanteil = 6 g
b = Schalenanteil = 5 g
c = je nach Höhe der Vitaminierung

LEBENSMITTEL (verzehrbarer Anteil)	**Brennwert**		**A** (Ret.-Ä.)		**E** (Toc.-Ä.)		**B₁** (Thiamin)		**B₂** (Riboflavin)		**Niacin**		**B₆** (Pyridoxin)		**C** (Ascorbinsäure)	
	kcal/ 100 g	MJ/ 100 g	Gehalt µg/ 100 g	Dichte mg/ MJ	Gehalt mg/ 100 g	Dichte mg/ MJ	Gehalt mg/ 100 g	Dichte mg/ MJ	Gehalt mg/ 100 g	Dichte mg/ MJ	Gehalt mg/ 100 g	Dichte mg/ MJ	Gehalt mg/ 100 g	Dichte mg/ MJ	Gehalt mg/ 100 g	Dichte mg/ MJ
Palmöl	898	3,758	9,4 mg	2,50	24,5	6,5	*	*	*	*	*	*	*	*	*	*
Safloröl (Distelöl)	899	3,762	*	*	28,7	7,6	*	*	*	*	*	*	*	*	*	*
Sesamöl	896	3,747	*	*	28,3	7,6	*	*	*	*	*	*	*	*	*	*
Sojaöl	899	3,762	5,83	0,15	29,0	7,7	*	*	*	*	*	*	*	*	*	*
Sonnenblumenöl	898	3,758	4	<0,01	50,0	13,3	0	0	*	*	*	*	*	*	*	*
Walnußöl	896	3,747	*	*	38,8	10,4	*	*	*	*	*	*	*	*	*	*
Weizenkeimöl	925	3,885	*	*	59,4	41,0	*	*	*	*	*	*	*	*	*	*
Fisch und andere See- und Meerestiere																
SEEFISCHE																
Flunder	72	0,303	10	0,03	*	*	0,22	0,73	0,21	0,69	3,4	11,22	0,25	0,83	*	*
Heilbutt	101	0,423	32	0,08	0,9	2,1	0,08	0,19	0,07	0,17	5,9	13,95	0,42	0,99	*	*
Hering	201	0,842	38	0,05	1,5	1,8	0,04	0,05	0,22	0,26	3,8	4,51	0,45	0,53	+	+
Filet	207	0,866	40	0,05	*	*	0,05	0,06	0,25	0,29	4,0	4,62	*	*	+	+
Kabeljau (Dorsch)	73	0,306	10	0,03	0,3	1,0	0,06	0,20	0,05	0,16	2,1	6,86	0,20	0,65	2	6,5
Filet	68	0,286	*	*	*	*	0,05	0,17	0,05	0,17	2,0	8,39	*	*	2	6,5
Katfisch (Steinbeißer)	88	0,370	18	0,05	2,1	5,7	0,20	0,54	0,06	0,16	2,4	6,49	*	*	*	*
Seelachs (Köhler)	80	0,336	10	0,03	*	*	0,09	0,27	0,35	1,04	4,0	11,90	*	*	*	*
Makrele	180	0,751	100	0,13	1,6	2,1	0,14	0,19	0,35	0,47	7,7	10,25	0,63	0,84	+	+
Ostseehering	155	0,649	20	0,03	0,7	1,0	0,06	0,09	0,24	0,37	4,3	6,63	*	*	*	*
Rotbarsch (Goldbarsch)	105	0,440	12	0,03	1,3	3,0	0,11	0,25	0,08	0,18	2,5	5,68	*	*	1	2,3
Sardine	124	0,520	20	0,04	*	*	0,02	0,04	0,25	0,48	9,7	18,65	0,97	1,87	*	*
Schellfisch	73	0,303	17	0,06	0,4	1,3	0,05	0,17	0,17	0,56	3,1	10,23	*	*	*	*
Scholle	76	0,316	3	<0,01	*	*	0,21	0,66	0,22	0,70	4,0	12,66	0,22	0,69	2	6,3
Seehecht	77	0,322	*	*	*	*	0,10	0,31	0,20	0,62	*	*	*	*	*	*
Seezunge	83	0,346	+	+	*	*	0,06	0,17	0,10	0,29	3,0	8,67	*	*	0	0
Steinbutt	82	0,344	+	+	*	*	0,02	0,06	0,15	0,44	3,0	8,72	*	*	+	+
Tintenfisch	68	0,286	*	*	*	*	0,07	0,24	0,05	0,17	2,6	9,09	*	*	*	*
SONSTIGE KALTBLÜTER																
Austern	47	0,196	93	0,47	0,9	4,6	0,16	0,82	0,20	1,02	2,2	11,22	0,22	1,12	+	+
Garnele (Speisekrabbe)	87	0,364	+	+	*	*	0,05	0,14	0,03	0,08	2,4	6,59	0,13	0,36	2	5,5
Hummer	81	0,338	0	0	1,5	13,1	0,13	0,38	0,09	0,27	1,8	5,33	*	*	5	14,8
Krebs (Flußkrebs)	65	0,270	*	*	*	*	0,15	0,55	0,10	0,37	2,0	7,41	*	*	*	*
Miesmuschel (Blau- oder Pfahlmuschel)	51	0,213	54	0,25	0,8	3,7	0,16	0,75	0,22	1,03	1,6	7,51	*	*	*	*
Steckmuschel (Klaffmuschel)	54	0,225	33	0,15	*	*	0,10	0,44	0,19	0,84	1,5	6,67	0,08	0,36	*	*
SÜSSWASSERFISCHE																
Aal (Flußaal)	281	1,174	980	0,83	*	*	0,18	0,15	0,32	0,27	2,6	2,21	0,28	0,24	2	1,7
Barsch (Flußbarsch)	81	0,338	7	0,02	*	*	0,08	0,24	0,12	0,36	1,7	5,03	*	*	*	*

Werte stellen das Mittel handelsüblicher Produkte dar. Sie wurden teils analytisch, teils durch Berechnung ermittelt. + = in Spuren, * = keine Daten

Vitamingehalt und Vitamindichte ausgewählter Lebensmittel

V

LEBENSMITTEL (verzehrbarer Anteil)	Brennwert		A (Ret.-Ä.)		E (Toc.-Ä.)		B_1 (Thiamin)		B_2 (Riboflavin)		Niacin		B_6 (Pyridoxin)		C (Ascorbinsäure)	
	kcal/ 100 g	MJ/ 100 g	Gehalt µg/ 100 g	Dichte mg/ MJ	Gehalt mg/ 100 g	Dichte mg/ MJ	Gehalt mg/ 100 g	Dichte mg/ MJ	Gehalt mg/ 100 g	Dichte mg/ MJ	Gehalt mg/ 100 g	Dichte mg/ MJ	Gehalt mg/ 100 g	Dichte mg/ MJ	Gehalt mg/ 100 g	Dichte mg/ MJ
Forelle (Bachforelle)	102	0,428	45	0,10	*	*	0,08	0,19	0,08	0,19	3,4	7,94	*	*	*	*
Hecht	82	0,342	15	0,04	0,2	0,6	0,09	0,26	0,06	0,18	1,6	4,68	0,15	0,44	*	*
Karpfen	115	0,482	44	0,09	0,5	1,0	0,07	0,15	0,05	0,10	1,9	3,94	0,15	0,31	1	2,1
Lachs	202	0,845	66	0,08	*	*	0,17	0,20	0,17	0,20	7,5	8,88	0,98	1,16	1	1,2
Schleie	77	0,323	1	0,01	*	*	0,08	0,25	0,18	0,56	4,0	12,38	*	*	1	3,1
Zander	83	0,348	*	*	*	*	0,16	0,46	0,25	0,72	2,3	6,61	*	*	1	2,9
FISCHDAUERWAREN																
Aal, geräuchert	313	1,309	970	0,74	*	*	0,19	0,15	0,37	0,28	3,5	2,87	0,16	0,12	*	*
Bückling	224	0,938	28	0,03	1,6	1,7	0,04	0,04	0,25	0,27	4,3	4,58	0,50	0,53	0	0
Brathering	204	0,854	20	0,02	*	*	0,01	0,01	0,13	0,15	3,9	4,57	*	*	0	0
Heilbutt, geräuchert	223	0,937	33	0,04	*	*	0,06	0,06	0,04	0,04	6,0	6,40	*	*	*	*
Hering, mariniert (Bismarckhering)	210	0,879	36	0,04	*	*	0,05	0,06	0,21	0,24	*	*	0,15	0,17	*	*
Heringsfilet in Tomatensoße	204	0,853	240	0,88	3,1	3,6	0,06	0,07	0,18	0,21	2,6	3,05	*	*	1	1,2
Krabben in Dosen	92	0,385	18	0,05	1,2	3,1	0,08	0,21	0,08	0,21	2,5	6,50	0,35	0,91	+	+
Krebsfleisch in Dosen	87	0,365	*	*	*	*	0,14	0,38	0,05	0,17	1,6	4,38	*	*	*	*
Lachs in Dosen	165	0,688	59	0,09	*	*	0,30	0,47	0,17	0,25	6,8	9,88	0,45	0,65	0	0
Makrele, geräuchert	222	0,930	60	0,06	1,6	1,7	0,14	0,15	0,35	0,38	10,0	10,75	0,50	0,54	0	0
Ölsardinen in Dosen (ganzer Inhalt)	302	1,264	54	0,04	*	*	0,02	0,02	0,16	0,13	4,4	3,48	0,16	0,13	0	0
Salzhering	218	0,911	48	0,05	*	*	0,04	0,04	0,29	0,32	3,0	3,30	0,22	0,24	0	0
Schellfisch, geräuchert	93	0,389	+	+	*	*	0,05	0,13	0,10	0,26	2,5	6,43	*	*	+	+
Seelachs, geräuchert	98	0,412	9	0,02	*	*	0,03	0,07	0,20	0,49	2,0	4,86	*	*	*	*
Stockfisch (Kabeljau, getrocknet)	339	1,420	23	0,02	*	*	0,09	0,06	0,11	0,08	3,5	2,46	0,20	0,14	0	0
Thunfisch in Öl	283	1,185	370	0,31	*	*	0,05	0,04	0,06	0,05	10,8	9,11	0,25	0,21	0	0
Fleisch und Geflügel																
GEFLÜGEL																
Ente	227	0,951	*	*	*	*	0,30	0,32	0,20	0,21	3,5	3,70	*	*	7	7,4
Gans	342	1,430	65	0,05	*	*	0,12	0,08	0,26	0,19	6,4	4,48	0,58	0,41	*	*
Huhn, Brathuhn	133	0,556	10	0,02	0,1	0,2	0,08	0,14	0,16	0,29	6,8	12,23	0,50	0,90	3	5,4
Brust	99	0,415	*	*	0,3	0,7	0,70	1,69	0,90	2,17	10,5	25,30	*	*	0	0
Keule (Schlegel)	110	0,461	*	*	*	*	0,10	0,22	0,24	0,52	5,6	12,15	*	*	0	0
Suppenhuhn	257	1,074	260	0,24	*	*	0,06	0,06	0,17	0,16	8,8	8,20	*	*	*	*
Herz	124	0,519	9	0,02	1,2	2,3	0,43	0,83	1,24	2,39	6,0	11,56	*	*	6	11,6
Leber	136	0,567	11,6 mg	20,46	0,4	0,7	0,32	0,56	2,49	4,40	11,6	20,46	0,80	1,41	28	49,4
Puter (Truthahn) ausgewachsene Tiere	212	0,886	*	*	2,5	2,8	0,10	0,11	0,18	0,20	10,5	11,85	*	*	*	*
Brust	105	0,441	*	*	0,9	2,0	0,05	0,11	0,08	0,18	11,3	25,62	0,46	1,04	*	*
Keule	114	0,479	*	*	1,2	2,5	0,09	0,19	0,18	0,38	4,7	9,81	*	*	*	*
Jungtiere	179	0,752	+	+	1,9	2,5	0,08	0,11	0,14	0,19	7,9	10,51	*	*	*	*

Werte stellen das Mittel handelsüblicher Produkte dar. Sie wurden teils analytisch, teils durch Berechnung ermittelt. + = in Spuren, * = keine Daten

LEBENSMITTEL (verzehrbarer Anteil)	**Brennwert**		**A** (Ret.-Ä.)		**E** (Toc.-Ä.)		**B1** (Thiamin)		**B2** (Riboflavin)		**Niacin**		**B6** (Pyridoxin)		**C** (Ascorbinsäure)	
	kcal/ 100 g	MJ/ 100 g	Gehalt µg/ 100 g	Dichte mg/ MJ	Gehalt mg/ 100 g	Dichte mg/ MJ	Gehalt mg/ 100 g	Dichte mg/ MJ	Gehalt mg/ 100 g	Dichte mg/ MJ	Gehalt mg/ 100 g	Dichte mg/ MJ	Gehalt mg/ 100 g	Dichte mg/ MJ	Gehalt mg/ 100 g	Dichte mg/ MJ
HAMMELFLEISCH UND LAMMFLEISCH																
Muskelfleisch (ohne Fett)	112	0,469	0	0	*	*	0,18	0,38	0,25	0,53	5,8	12,37	*	*	0	0
Brust	381	1,594	0	0	*	*	0,14	0,08	0,19	0,12	4,5	2,82	*	*	0	0
Filet	112	0,469	0	0	0,4	0,9	0,18	0,38	0,25	0,53	5,8	12,37	*	*	0	0
Keule (Schlegel)	234	0,979	0	0	0,5	0,5	0,16	0,16	0,22	0,22	5,2	5,31	0,29	0,30	0	0
Kotelett	348	1,454	0	0	0,6	0,4	0,13	0,09	0,18	0,12	4,3	2,96	0,33	0,23	0	0
Lende	194	0,810	0	0	*	*	0,16	0,20	0,23	0,28	4,3	5,31	*	*	0	0
Herz	158	0,661	*	*	*	*	0,31	0,47	0,86	1,30	4,6	6,96	*	*	0	0
Leber	133	0,556	9,5 mg	17,09	*	*	0,36	0,65	3,33	5,99	15,3	27,52	0,37	0,67	31	55,8
KALBFLEISCH																
Muskelfleisch (ohne Fett)	95	0,397	+	+	*	*	0,14	0,35	0,27	0,68	6,3	15,87	0,40	1,00	*	*
Brust	131	0,549	+	+	*	*	0,14	0,26	0,24	0,48	6,1	11,11	*	*	1	1,8
Filet	95	0,397	+	+	*	*	0,15	0,38	0,30	0,76	6,5	16,37	*	*	1	2,5
Haxe	98	0,410	+	+	*	*	0,15	0,37	0,23	0,56	5,4	13,17	*	*	*	*
Keule (Schlegel)	97	0,407	+	+	*	*	0,15	0,37	0,27	0,66	6,6	16,22	0,40	0,98	+	+
Kotelett	112	0,470	+	+	0,6	1,3	0,14	0,30	0,26	0,56	6,5	13,83	0,40	0,85	+	+
Schnitzel	99	0,414	+	+	*	*	0,18	0,43	0,30	0,72	7,5	18,12	*	*	1	2,4
Bries	99	0,416	0	0	*	*	0,08	0,19	0,17	0,41	2,6	6,25	*	*	56	134,6
Herz	114	0,475	6	0,01	0,4	0,8	0,60	4,26	1,10	2,32	6,3	13,26	0,29	0,61	5	10,5
Hirn	111	0,464	0	0	2,0	4,3	0,16	0,34	0,26	0,56	3,6	7,76	0,16	0,34	23	49,6
Leber	130	0,543	3,9 mg	7,18	0,2	0,4	0,28	0,52	2,61	4,81	15,0	27,62	0,90	1,66	35	64,5
Lunge	90	0,376	*	*	*	*	0,11	0,29	0,36	0,96	4,0	10,64	0,07	0,19	39	114,4
Niere	128	0,534	210	0,39	*	*	0,37	0,69	2,50	4,68	6,5	12,17	0,50	0,94	13	24,3
Zunge	128	0,535	0	0	*	*	0,15	0,28	0,29	0,54	3,7	6,92	0,13	0,24	*	*
RINDFLEISCH																
Muskelfleisch (ohne Fett)	105	0,439	20	0,05	0,5	1,1	0,23	0,52	0,26	0,59	7,5	17,08	0,40	0,91	+	+
Filet	116	0,487	*	*	*	*	0,10	0,21	0,13	0,27	4,6	9,45	0,50	1,03	*	*
Hochrippe (dicke Rippe, Rostbraten)	223	0,933	15	0,02	*	*	0,08	0,09	0,15	0,16	4,3	4,61	*	*	*	*
Kamm (Hals)	133	0,558	3	0,01	*	*	0,09	0,16	0,19	0,34	5,2	9,32	*	*	*	*
Keule (Schlegel)	148	0,619	10	0,02	*	*	0,09	0,15	0,17	0,28	4,5	7,27	*	*	*	*
Lende (Roastbeef)	174	0,729	15	0,02	1,1	1,5	0,09	0,12	0,16	0,22	4,9	6,72	*	*	*	*
Ochsenschwanz	184	0,769	*	*	*	*	*	*	*	*	*	*	*	*	*	*
Corned beef (deutsch)	141	0,589	0	0	*	*	0,03	0,05	0,10	0,17	3,1	5,26	*	*	0	0
Hackfleisch, 14% Fett	216	0,904	0	0	0,4	0,4	0,09	0,10	0,15	0,17	2,1	2,32	*	*	*	*
Luncheon meat (Frühstücksfleisch)	294	1,229	0	0	0,5	0,4	0,05	0,04	0,19	0,15	4,7	3,82	*	*	1	0,8
Rindfleisch in Dosen (i. D.)	196	0,822	21	0,03	*	*	0,02	0,02	0,15	0,18	4,6	5,60	*	*	0	0
Herz	124	0,517	6	0,01	0,6	1,2	0,53	1,03	0,88	1,70	6,8	13,15	0,28	0,54	6	11,6
Leber	114	0,475	8,3 mg	17,47	0,7	1,5	0,30	0,63	2,90	6,11	13,6	28,63	0,71	1,49	31	65,3

Werte stellen das Mittel handelsüblicher Produkte dar. Sie wurden teils analytisch, teils durch Berechnung ermittelt. + = in Spuren, * = keine Daten

Vitamingehalt und Vitamindichte ausgewählter Lebensmittel

LEBENSMITTEL (verzehrbarer Anteil)	**Brennwert**		**A** (Ret.-Ä.)		**E** (Toc.-Ä.)		**B₁** (Thiamin)		**B₂** (Riboflavin)		**Niacin**		**B₆** (Pyridoxin)		**C** (Ascorbinsäure)	
	kcal/ 100 g	MJ/ 100 g	Gehalt µg/ 100 g	Dichte mg/ MJ	Gehalt mg/ 100 g	Dichte mg/ MJ	Gehalt mg/ 100 g	Dichte mg/ MJ	Gehalt mg/ 100 g	Dichte mg/ MJ	Gehalt mg/ 100 g	Dichte mg/ MJ	Gehalt mg/ 100 g	Dichte mg/ MJ	Gehalt mg/ 100 g	Dichte mg/ MJ
Rindfleisch, Lunge	99	0,412	55	0,13	0,5	1,2	0,09	0,22	0,34	0,83	4,3	10,44	0,07	0,17	39	94,7
Niere	116	0,485	330	0,68	0,2	0,4	0,30	0,62	2,26	4,66	6,2	12,78	0,39	0,80	11	22,7
Zunge	209	0,873	0	0	*	*	0,14	0,16	0,29	0,33	4,6	5,27	0,17	0,19	0	0
SCHWEINEFLEISCH																
Muskelfleisch (ohne Fett)	111	0,466	6	<0,01	0,1	0,2	0,90	1,93	0,23	0,49	4,5	9,66	0,50	1,07	2	4,3
Bug (Schulter)	271	1,132	*	*	*	*	0,89	0,79	0,22	0,19	4,5	3,98	*	*	*	*
Filet	182	0,759	*	*	*	*	1,10	1,45	0,31	0,41	6,5	8,56	*	*	*	*
Kamm	211	0,882	*	*	0,6	0,7	0,92	1,04	0,18	0,20	3,9	4,42	*	*	2	2,3
Keule (Schlegel, Hinterschinken)	274	1,145	0	0	*	*	0,80	0,70	0,19	0,17	4,3	3,76	0,39	0,34	*	*
Kotelett	193	0,808	0	0	0,6	0,7	0,80	1,00	0,19	0,23	4,3	5,32	0,50	0,62	0	0
Rückenspeck, frisch	759	3,175	0	0	*	*	0,10	0,03	0,02	0,01	0,5	0,16	*	*	*	*
Schnitzel	156	0,653	*	*	0,7	1,1	0,80	1,22	0,19	0,30	*	*	*	*	*	*
Herz	106	0,445	9	0,02	1,4	3,2	0,46	1,03	1,06	2,38	6,6	14,83	0,43	0,97	5	11,2
Leber	134	0,559	5,8 mg	10,38	0,2	0,4	0,31	0,55	3,17	5,67	15,7	28,09	0,59	1,06	23	41,1
Niere	116	0,485	39	0,08	*	*	0,34	0,70	1,80	3,71	8,4	17,32	0,55	1,13	16	32,9
WILD UND SONSTIGE FLEISCHARTEN																
Hase	113	0,474	0	0	0,5	1,0	0,09	0,19	0,06	0,12	8,1	16,70	*	*	*	*
Hirsch	112	0,469	*	*	*	*	*	*	0,25	0,52	*	*	*	*	*	*
Kaninchen	152	0,634	+	+	1,0	1,6	0,11	0,17	0,07	0,11	8,6	13,56	0,30	0,47	3	4,7
FLEISCH- UND WURSTWAREN																
Bierschinken	235	0,982	0	0	*	*	0,31	0,32	0,18	0,18	3,8	3,87	*	*	0	0
Bratwurst (Schweinsbratwurst)	342	1,433	*	*	0,3	0,21	0,28	0,20	0,22	0,15	3,2	2,23	*	*	*	*
Cervelatwurst	456	1,910	0	0	*	*	0,10	0,05	0,20	0,10	4,0	2,09	*	*	0	0
Dosenwürstchen	228	0,956	*	*	0,2	0,21	0,03	0,03	0,08	0,08	3,0	3,14	*	*	*	*
Fleischkäse (Leberkäse)	320	1,337	*	*	*	*	0,05	0,04	0,15	0,11	2,4	1,80	*	*	*	*
Fleischwurst	297	1,241	*	*	*	*	0,20	0,16	0,25	0,20	2,5	2,01	*	*	*	*
Frankfurter Würstchen	272	1,338	3	<0,01	0,6	0,45	0,18	0,13	0,19	0,14	2,3	1,72	0,14	0,10	0	0
Gelbwurst (Hirnwurst)	342	1,429	*	*	*	*	*	*	0,12	0,08	2,3	1,61	*	*	*	*
Jagdwurst	345	1,443	0	0	*	*	0,11	0,08	0,12	0,08	4,2	2,91	*	*	*	*
Leberpastete	314	1,315	950	0,72	0,4	0,3	0,03	0,02	0,60	0,46	3,3	2,51	*	*	2	1,5
Leberwurst	420	1,759	1,5 mg	0,85	0,7	0,4	0,20	0,11	0,92	0,52	3,6	2,05	*	*	*	*
Leberwurst, mager	257	1,075	1,7 mg	1,58	*	*	0,15	0,14	1,10	1,02	4,5	4,19	*	*	*	*
Mortadella	345	1,443	0	0	*	*	0,10	0,07	0,15	0,10	3,1	2,15	*	*	0	0
Münchner Weißwurst	287	1,202	*	*	*	*	0,04	0,03	0,13	0,11	3,3	2,75	*	*	*	*
Rotwurst (Blutwurst)	400	1,672	3	<0,01	*	*	0,07	0,04	0,13	0,08	1,2	0,72	*	*	*	*
Salami, deutsche	519	2,169	+	+	0,1	0,1	0,18	0,08	0,20	0,09	2,6	1,20	*	*	*	*
Schinken, gesalzen und gekocht	193	0,808	0	0	0	0	0,61	0,75	0,26	0,32	3,5	4,33	0,36	0,45	0	0
Schinken, gesalzen und geräuchert	383	1,601	0	0	*	*	0,55	0,34	0,20	0,12	3,5	2,19	0,40	0,25	0	0

Werte stellen das Mittel handelsüblicher Produkte dar. Sie wurden teils analytisch, teils durch Berechnung ermittelt. + = in Spuren, * = keine Daten

LEBENSMITTEL (verzehrbarer Anteil)	**Brennwert**		**A** (Ret.-Ä.)		**E** (Toc.-Ä.)		**B1** (Thiamin)		**B2** (Riboflavin)		**Niacin**		**B6** (Pyridoxin)		**C** (Ascorbinsäure)	
	kcal/ 100 g	MJ/ 100 g	Gehalt µg/ 100 g	Dichte mg/ MJ	Gehalt mg/ 100 g	Dichte mg/ MJ	Gehalt mg/ 100 g	Dichte mg/ MJ	Gehalt mg/ 100 g	Dichte mg/ MJ	Gehalt mg/ 100 g	Dichte mg/ MJ	Gehalt mg/ 100 g	Dichte mg/ MJ	Gehalt mg/ 100 g	Dichte mg/ MJ
Speck, durchwachsen	621	2,600	0	0	0,4	0,2	0,43	0,17	0,14	0,05	2,3	0,88	0,35	0,13	0	0
Wiener Würstchen	277	1,161	*	*	*	*	0,10	0,09	0,12	0,10	3,1	2,67	*	*	*	*
Getreide und Getreide-Erzeugnisse																
GETREIDE, MEHLE UND SONSTIGE MAHLPRODUKTE																
Buchweizen, Korn, geschält	340	1,421	0	0	1,3	0,9	0,26	0,18	0,15	0,11	2,9	2,04	0,58	0,41	0	0
Vollmehl	340	1,421	0	0	2,1	1,5	0,58	0,41	0,15	0,11	2,9	2,04	0,58	0,41	*	*
Gerste, Korn[a]	292	1,222	0	0	0,6	0,5	0,43	0,35	0,18	0,15	4,8	3,93	0,56	0,46	0	0
Graupen	302	1,266	0	0	0,2	0,2	0,10	0,08	0,08	0,06	3,1	2,45	0,22	0,17	0	0
Hafer, Korn[a]	359	1,502	*	*	1,0	0,7	0,52	0,35	0,17	0,11	2,4	1,60	0,96	0,64	+	+
Flocken (Vollkorn)	363	1,519	*	*	1,0	0,7	0,56	0,37	0,15	0,10	1,0	0,66	0,16	0,11	0	0
Haferflocken, Instant	384	1,607	*	*	1,1	0,7	0,56	0,35	0,15	0,09	1,0	0,6	0,16	0,09	*	*
Hirse, Korn[a]	354	1,478	0	0	0,1	0,1	0,26	0,18	0,14	0,09	1,8	1,21	0,75	0,51	0	0
Mais, Korn	333	1,392	90	0,06	2,2	1,6	0,36	0,26	0,20	0,14	1,5	1,08	0,40	0,29	0	0
Pop-Corn	368	1,589	*	*	2,9	1,8	0,30	0,19	0,12	0,08	1,2	0,76	*	*	0	0
Grieß (gelb)	339	1,417	120	0,08	0,7	0,5	0,15	0,11	0,05	0,04	0,5	0,35	*	*	0	0
Mais-Stärke	346	1,448	0	0	(0)	(0)	+	+	0,01	0,01	0,03	0,02	+	+	0	0
Vollmehl (gelb)	333	1,392	150	0,11	*	*	0,37	0,27	0,11	0,08	2,0	1,44	*	*	0	0
Reis, Korn, unpoliert[a]	348	1,455	0	0	1,2	0,8	0,41	0,28	0,09	0,06	5,2	3,57	0,67	0,46	0	0
poliert	347	1,452	0	0	0,4	0,3	0,06	0,04	0,03	0,02	1,3	0,90	0,15	0,10	0	0
poliert, angereichert, roh	345	1,441	0	0	0,3	0,2	0,44	0,31	0,03	0,02	3,5	2,43	*	*	0	0
Roggen, Korn	264	1,104	60	0,05	2,0	1,8	0,35	0,32	0,17	0,15	1,8	1,63	0,29	0,26	0	0
Roggenflocken	307	1,286	2	<0,01	1,8	1,4	0,35	0,27	0,20	0,16	1,8	1,39	0,30	0,23	*	*
Mehl, Type 815	300	1,254	41	0,03	0,5	0,4	0,18	0,14	0,09	0,07	0,6	0,48	0,11	0,09	0	0
Mehl, Type 997	299	1,251	41	0,03	1,3	1,0	0,19	0,15	0,11	0,09	0,8	0,64	*	*	0	0
Mehl, Type 1150	295	1,234	41	0,03	1,6	1,3	0,22	0,18	0,11	0,09	1,1	0,90	*	*	0	0
Vollkornmehl/Backschrot, Type 1800	273	1,143	59	0,05	1,8	1,6	0,30	0,26	0,14	0,12	1,9	1,66	0,30	0,26	0	0
Keime	373	1,560	340	0,22	12,6	8,0	1,00	0,64	0,84	0,54	2,3	1,47	1,80	1,15	0	0
Weizen, Korn	304	1,274	70	0,04	1,6	1,0	0,50	0,32	0,14	0,09	5,1	3,25	0,44	0,28	0	0
Grieß	324	1,355	*	*	0,8	0,6	0,12	0,09	0,04	0,03	1,3	0,96	0,09	0,07	0	0
Mehl, Type 405	339	1,419	15	0,01	0,3	0,2	0,06	0,04	0,03	0,02	0,7	0,49	0,18	0,13	0	0
Mehl, Type 550	339	1,419	25	0,02	0,3	0,2	0,11	0,08	0,08	0,06	0,5	0,35	0,10	0,07	0	0
Mehl, Type 1050	330	1,382	+		1,4	1,0	0,43	0,31	0,07	0,05	1,4	1,01	0,28	0,20	0	0
Vollkornmehl/Backschrot, Type 1700	306	1,282	50	0,04	1,6	1,3	0,30	0,23	0,15	0,12	4,8	3,74	0,46	0,36	0	0
Keime	250	1,046	160	0,15	8,0	7,7	2,00	1,91	0,55	0,23	5,5	5,26	4,0	3,82	0	0
Speisekleie	149	0,623	5	0,01	2,7	4,3	0,65	1,04	0,51	0,81	17,7	45,6	2,5	4,00	0	0
Weizen-Stärke	333	1,391	0	0	(0)	(0)	0	0	0	0	0,01	0,01	*	*	0	0

V

Werte stellen das Mittel handelsüblicher Produkte dar. Sie wurden teils analytisch, teils durch Berechnung ermittelt. + = in Spuren, * = keine Daten a = entspelzt

Vitamingehalt und Vitamindichte ausgewählter Lebensmittel

LEBENSMITTEL (verzehrbarer Anteil)	**Brennwert**		**A** (Ret.-Ä.)		**E** (Toc.-Ä.)		B_1 (Thiamin)		B_2 (Riboflavin)		**Niacin**		B_6 (Pyridoxin)		**C** (Ascorbinsäure)	
	kcal/ 100 g	MJ/ 100 g	Gehalt µg/ 100 g	Dichte mg/ MJ	Gehalt mg/ 100 g	Dichte mg/ MJ	Gehalt mg/ 100 g	Dichte mg/ MJ	Gehalt mg/ 100 g	Dichte mg/ MJ	Gehalt mg/ 100 g	Dichte mg/ MJ	Gehalt mg/ 100 g	Dichte mg/ MJ	Gehalt mg/ 100 g	Dichte mg/ MJ
BACKWAREN																
BROTE																
Roggenbrot	222	0,930	0	0	*	*	0,18	0,19	0,12	0,13	0,9	0,97	0,20	0,22	0	0
Roggenmischbrot	225	0,940	0	0	*	*	0,18	0,19	0,08	0,09	1,0	1,06	0,12	0,13	0	0
Roggenschrot- und Vollkornbrot	206	0,864	80	0,09	0,3	0,4	0,18	0,21	0,15	0,17	0,6	0,69	0,30	0,35	7	8,1
Weizenbrot	238	0,995	*	*	0,1	0,1	0,09	0,09	0,06	0,06	1,0	1,01	0,04	0,04	0	0
Weizenmischbrot	232	0,968	0	0	*	*	0,14	0,14	0,07	0,07	1,2	1,24	0,09	0,09	0	0
Weizenschrot- und Vollkornbrot	208	0,870	*	*	0,4	0,5	0,23	0,27	0,15	0,18	3,3	3,92	0,36	0,43	0	0
Weizenbrötchen (Semmeln)	258	1,076	0	0	*	*	0,10	0,09	0,03	0,03	1,0	0,93	0,04	0,04	0	0
Weizentoastbrot	262	1,097	*	*	*	*	0,08	0,07	0,05	0,05	1,0	0,91	0,11	0,10	0	0
Knäckebrot	318	1,927	0	0	4,0	2,1	0,20	0,10	0,18	0,09	1,1	0,57	0,30	0,16	0	0
Pumpernickel	201	0,840	*	*	*	*	0,05	0,06	0,08	0,10	1,2	1,43	0,10	0,12	0	0
Steinmetzbrot	203	0,851	5	0,01	0,8	0,9	0,20	0,24	0,08	0,09	3,5	4,11	0,30	0,35	0	0
FEIN- UND DAUERBACKWAREN																
Mandelmakronen	376	1,572	4	<0,01	*	*	0,08	0,05	0,39	0,25	1,3	0,83	0,03	0,02	*	*
Salzstangen, Salzbrezeln	389	1,626	*	*	*	*	0,01	0,01	0,04	0,02	0,7	0,04	*	*	0	0
FRÜHSTÜCKSFLOCKEN																
Kleieflocken, gezuckert	240	1,002	1,4 mg	1,40	*	*	1,16	1,16	1,00	0,99	8,2	8,18	*	*	*	*
Corn-Flakes	336	1,404	*	*	0,3	0,2	1,80	1,28	2,00	1,42	1,4	0,99	0,07	0,05	*	*
Müsli-Mischung, Trockenprodukt	394	1,647	27	0,2	*	*	0,25	0,15	0,15	0,09	*	*	0,17	0,10	+	+
Früchte-Müsli, ohne Zucker	349	1,459	38	0,3	*	*	0,30	0,21	0,18	0,12	0,12	0,08	0,22	0,15	+	+
Schoko-Müsli	425	1,777	26	0,1	*	*	0,30	0,17	0,19	0,11	0,12	0,07	0,17	0,10	+	+
TEIGWAREN																
Eier-Teigwaren (Nudeln)	347	1,452	60	0,04	*	*	0,20	0,14	0,10	0,07	2,0	1,38	0,06	0,04	0	0
VERSCHIEDENES																
Bierhefe (getrocknet)	355	1,491	+	+	*	*	14,00	9,39	4,00	2,68	4,0	2,68	4,4	2,95	+	+
Bäckerhefe	96	0,403	+	+	*	*	1,30	3,22	2,00	4,96	17,4	43,18	0,81	2,01	+	+
Hülsenfrüchte, Samen und Nüsse																
HÜLSENFRÜCHTE																
Bohnen, weiß	294	1,228	67	0,05	0,5	0,4	0,60	0,49	0,20	0,16	2,1	1,71	0,06	0,05	2	1,6
Erbsen, gelb, geschält	347	1,453	13	0,01	*	*	0,76	0,52	0,27	0,19	2,8	1,33	*	*	1	0,7
Kichererbsen	305	1,276	30	0,02	*	*	0,50	0,39	0,15	0,12	1,5	1,18	0,54	0,42	4	3,1
Linsen	310	1,296	17	0,01	*	*	0,43	0,33	0,26	0,20	2,2	1,70	0,60	0,46	*	*
Sojabohnen	453	1,894	95	0,05	13,3	7,0	1,00	0,53	0,30	0,16	2,5	1,32	*	*	0	0
Sojakäse	76	0,318	*	*	*	*	0,05	0,16	0,04	0,13	0,5	1,57	*	*	0	0
Sojakeimlinge	26	0,104	*	*	*	*	0,18	1,73	0,15	1,44	2,7	25,96	*	*	16	153,8
Sojamehl, halbfett	335	1,402	25	0,02	*	*	0,83	0,59	0,36	0,26	2,6	1,85	*	*	*	*

Werte stellen das Mittel handelsüblicher Produkte dar. Sie wurden teils analytisch, teils durch Berechnung ermittelt. + = in Spuren, * = keine Daten

LEBENSMITTEL (verzehrbarer Anteil)	**Brennwert**		**A** (Ret.-Ä.)		**E** (Toc.-Ä.)		**B₁** (Thiamin)		**B₂** (Riboflavin)		**Niacin**		**B₆** (Pyridoxin)		**C** (Ascorbinsäure)	
	kcal/ 100 g	MJ/ 100 g	Gehalt µg/ 100 g	Dichte mg/ MJ	Gehalt mg/ 100 g	Dichte mg/ MJ	Gehalt mg/ 100 g	Dichte mg/ MJ	Gehalt mg/ 100 g	Dichte mg/ MJ	Gehalt mg/ 100 g	Dichte mg/ MJ	Gehalt mg/ 100 g	Dichte mg/ MJ	Gehalt mg/ 100 g	Dichte mg/ MJ
Sojamehl, vollfett	453	1,894	20	0,01	3,3	1,7	0,77	0,41	0,28	0,15	2,2	1,16	*	*	0	0
Sojamilch	36	0,151	*	*	*	*	0,08	0,53	0,03	0,20	0,2	1,32	*	*	0	0
SAMEN UND NÜSSE																
SAMEN																
Cashew-Nuß	569	2,380	30	0,01	1,6	0,7	0,63	0,26	0,25	0,11	1,8	0,76	*	*	*	*
Erdnuß, frisch	571	2,390	*	*	10,3	4,3	0,90	0,38	0,15	0,06	15,3	6,40	0,30	0,13	10	4,2
geröstet	586	2,450	110	0,05	10,0	4,1	0,25	0,10	0,13	0,05	14,3	5,84	0,40	0,16	*	*
Erdnußbutter	630	2,636	*	*	8,6	3,3	0,13	0,05	0,13	0,05	15,0	5,69	*	*	*	*
Kastanie, Marone	196	0,818	0	0	2,3	2,8	0,23	0,28	0,22	0,27	0,9	1,10	0,35	0,43	27	33,0
Kokosnuß, reif	342	1,431	*	*	0,8	0,6	0,05	0,03	0,02	0,02	0,4	0,28	0,06	0,04	2	1,4
Kokosraspel	606	2,536	*	*	0,06	<0,1	0,04	0,02	0,60	0,24	*	*	*	*	*	*
Mandel	599	2,507	23	0,01	25,2	10,1	0,25	0,10	0,60	0,24	4,1	1,64	0,06	0,02	3	1,2
Mohnsamen	481	2,012	*	*	4,0	2,0	*	*	*	*	*	*	*	*	*	*
Leinsamen, ungeschält	435	1,820	*	*	57,0	31,3	*	*	*	*	*	*	*	*	*	*
Lupinensamen (bitter), ungeschält	428	1,790	15	0,01	4,5	2,5	0,51	0,28	0,42	0,23	4,1	2,29	*	*	*	*
NÜSSE OHNE SCHALE																
Haselnuß	643	2,692	4	<0,01	26,6	9,9	0,40	0,15	0,20	0,08	1,4	0,52	0,45	0,17	3	1,1
Paranuß	668	2,796	3	<0,01	9,3	3,3	1,00	0,36	0,04	0,01	0,2	0,07	0,11	0,04	2	0,7
Walnuß	666	2,788	10	<0,01	12,3	4,4	0,35	0,13	0,10	0,04	1,0	0,36	0,87	0,31	3	1,1
Pinienkerne	674	2,820	8	<0,01	*	*	1,30	0,46	0,23	0,08	4,5	1,60	*	*	*	*
Pistazienkerne	598	2,500	70	0,03	*	*	0,65	0,26	0,20	0,08	1,5	0,60	*	*	7	2,8
Sesam-Samen	570	2,385	6	<0,01	5,7	2,4	1,00	0,42	0,25	0,10	5,0	2,10	*	*	*	*
Sonnenblumenkerne, geschält	582	2,436	*	*	21,8	8,9	1,90	0,32	0,20	0,08	5,8	2,38	*	*	*	*

Gemüse und Gemüseprodukte

LEBENSMITTEL	kcal/ 100 g	MJ/ 100 g	A Gehalt µg/ 100 g	A Dichte mg/ MJ	E Gehalt mg/ 100 g	E Dichte mg/ MJ	B₁ Gehalt mg/ 100 g	B₁ Dichte mg/ MJ	B₂ Gehalt mg/ 100 g	B₂ Dichte mg/ MJ	Niacin Gehalt mg/ 100 g	Niacin Dichte mg/ MJ	B₆ Gehalt mg/ 100 g	B₆ Dichte mg/ MJ	C Gehalt mg/ 100 g	C Dichte mg/ MJ
Artischocke, roh	49	0,203	17	0,08	0,2	1,0	0,14	0,69	0,01	0,05	0,9	4,43	*	*	8	39,4
Aubergine, roh	21	0,086	5	0,06	+	+	0,04	0,47	0,05	0,58	0,6	6,98	0,09	1,05	5	58,1
Blattsellerie, roh	23	0,098	*	*	*	*	0,03	0,31	0,04	0,41	0,3	3,06	*	*	7	71,4
Bleichsellerie, roh	12	0,049	3	0,06	*	*	0,05	1,02	0,08	1,63	0,6	12,24	0,09	1,84	7	142,9
Blumenkohl, roh	23	0,097	21	0,21	0,1	1,0	0,10	1,03	0,11	1,13	0,6	6,19	0,20	2,06	69	711,3
tiefgefroren	22	0,093	14	0,15	*	*	0,06	0,65	0,06	0,65	0,6	6,45	*	*	46	494,6
Bohnen, grün, roh	35	0,148	60	0,41	0,1	0,7	0,08	0,54	0,11	0,74	0,5	3,38	0,28	1,89	19	128,4
getrocknet	312	1,306	*	*	0,5	0,4	0,50	0,38	0,40	0,31	3,4	2,60	*	*	24	18,4
in Dosen	23	0,094	33	0,35	0,1	1,1	0,07	0,74	0,04	0,43	0,3	3,19	0,03	0,32	4	42,6
Broccoli, roh	24	0,100	316	3,16	0,5	5,0	0,10	1,00	0,20	2,00	1,1	11,00	0,17	1,70	110	1100,0
Brunnenkresse, roh	21	0,087	450	5,17	*	*	0,09	1,03	0,20	2,30	0,7	8,05	*	*	51	586,2
Chicorée, roh	11	0,048	216	4,50	*	*	0,05	1,04	0,03	0,63	0,2	4,17	0,05	1,04	10	208,3
Chinakohl, roh	11	0,045	13	0,29	*	*	0,03	0,67	0,04	0,89	0,4	8,89	*	*	36	800,0

Werte stellen das Mittel handelsüblicher Produkte dar. Sie wurden teils analytisch, teils durch Berechnung ermittelt. + = in Spuren, * = keine Daten

Vitamingehalt und Vitamindichte ausgewählter Lebensmittel

V

LEBENSMITTEL (verzehrbarer Anteil)	**Brennwert**		**A** (Ret.-Ä.)		**E** (Toc.-Ä.)		**B1** (Thiamin)		**B2** (Riboflavin)		**Niacin**		**B6** (Pyridoxin)		**C** (Ascorbinsäure)	
			Gehalt	Dichte	Gehalt	Dichte	Gehalt	Dichte	Gehalt	Dichte	Gehalt	Dichte	Gehalt	Dichte	Gehalt	Dichte
	kcal/ 100 g	MJ/ 100 g	µg/ 100 g	mg/ MJ	mg/ 100 g	mg/ MJ	mg/ 100 g	mg/ MJ	mg/ 100 g	mg/ MJ	mg/ 100 g	mg/ MJ	mg/ 100 g	mg/ MJ	mg/ 100 g	mg/ MJ
Endivien, roh	12	0,049	333	6,80	*	*	0,06	1,22	0,10	2,04	0,4	8,16	*	*	10	204,1
Erbsen, grün, roh	69	0,290	50	0,17	*	*	0,32	1,10	0,15	0,52	2,5	8,62	*	*	25	86,2
Erbsen, in Dosen, Gesamtinhalt	56	0,233	43	0,18	*	*	0,10	0,43	0,06	0,26	0,9	3,86	0,05	0,21	9	38,6
Feldsalat	11	0,048	650	13,54	0,6	12,5	0,07	1,46	0,08	1,67	0,4	8,33	0,25	5,21	35	729,2
Fenchelkraut, roh	36	0,149	783	5,26	6,0	40,3	0,20	1,34	0,10	0,67	0,2	1,34	0,10	0,67	93	624,2
Gartenkresse, roh	39	0,164	365	2,23	0,6	3,7	0,15	0,91	0,19	1,16	1,8	10,98	0,30	1,83	60	365,9
Grüner Pfeffer, roh	16	0,067	200	2,99	0,8	11,9	0,01	0,15	0,03	0,45	0,7	10,45	*	*	100	1492,6
Grünkohl (Braunkohl), roh	33	0,137	833	6,08	1,7	12,4	0,10	0,73	0,20	1,46	2,1	15,33	0,25	1,82	105	766,4
Gurken, roh	13	0,054	28	0,52	0,1	1,9	0,02	0,37	0,03	0,56	0,2	3,70	0,04	0,74	8	148,1
Salz-Dill-Gurken	17	0,073	*	*	*	*	0,03	0,41	0,02	0,27	*	*	*	*	2	27,4
Kartoffel, roh, frisch geerntet	70	0,295	2	0,01	0,1	0,3	0,10	0,34	0,05	0,17	1,2	4,07	0,20	0,68	22	74,6
Chips	539	2,254	10	0,01	*	*	0,02	0,01	0,01	<0,01	3,4	1,51	*	*	8	3,5
Pommes frites, verzehrsfertig	264	1,105	*	*	*	*	0,14	0,13	0,09	0,08	2,5	2,26	*	*	30	27,1
Trockenkartoffeln	337	1,407	63	0,04	0,4	0,3	0,25	0,18	0,15	0,11	9,6	6,82	0,40	0,28	26	18,5
Knoblauch, roh	135	0,566	*	*	+		0,20	0,35	0,08	0,14	0,6	1,06	*	*	14	24,7
Knollensellerie, roh	22	0,092	3	0,03	2,6	28,3	0,06	0,65	0,06	0,65	0,7	7,61	*	*	10	108,7
Kohlrabi, roh	25	0,106	2	0,02	*	*	0,06	0,57	0,04	0,38	1,8	16,98	0,10	0,94	66	622,6
Kohlrübe, roh	35	0,146	58	0,40	*	*	0,07	0,48	0,07	0,48	1,1	7,53	0,20	1,37	43	294,5
Kopfsalat, roh	10	0,044	150	3,41	0,4	9,1	0,06	1,36	0,08	1,82	0,4	9,09	0,06	1,36	10	227,3
Kürbis, roh	25	0,104	100	0,96	1,1	10,6	0,05	0,48	0,07	0,67	0,5	4,81	0,10	0,96	9	86,5
Löwenzahnblätter, roh	45	0,187	1,3 mg	6,95	2,5	13,4	0,20	1,07	0,10	0,53	0,8	4,28	*	*	33	176,5
Mangold, roh	23	0,095	583	6,14	*	*	0,10	1,05	0,20	2,11	0,6	6,32	*	*	39	410,5
Meerrettich, roh	61	0,254	4	0,02	*	*	0,14	0,55	0,11	0,43	0,6	2,36	0,20	0,79	114	448,8
Möhren (Karotten), roh	27	0,113	1,1 mg	9,73	0,6	5,3	0,06	0,53	0,05	0,44	0,6	5,31	0,10	0,88	8	70,8
getrocknet	204	0,853	*	*	5,0	5,9	0,30	0,35	0,30	0,35	3,4	3,99	*	*	19	26,1
in Dosen	30	0,123	*	*	*	*	0,02	0,16	0,02	0,16	0,3	2,44	0,02	0,16	3	24,4
Paprikafrüchte, roh (grün, gelb)	20	0,083	100	1,20	3,1	37,3	0,07	0,84	0,05	0,60	0,4	4,82	0,27	3,25	140	1686,7
Pastinake, roh	22	0,092	4	0,04	1,0	10,9	0,08	0,87	0,13	1,41	0,9	9,78	0,10	1,09	18	195,7
Petersilienblatt, roh	60	0,253	1,2 mg	4,74	*	*	0,14	0,55	0,30	1,19	1,4	5,53	*	*	166	656,1
Petersilienwurzel, roh	31	0,128	5	0,04	*	*	0,10	0,78	0,10	0,78	2,0	15,60	*	*	41	320,3
Porree (Lauch), Blätter, roh	24	0,102	333	3,26	0,9	8,8	0,12	1,18	0,06	0,59	0,5	4,90	0,25	2,45	25	245,1
Knolle, roh	26	0,110	*	*	2,0	18,2	0,10	0,91	0,06	0,55	0,5	4,55	0,25	2,27	30	272,7
Portulak, roh	15	0,062	177	2,85	*	*	0,03	0,48	0,10	1,61	0,5	8,06	0,15	2,42	22	354,8
Radieschen, roh	13	0,055	4	0,07	*	*	0,04	0,73	0,04	0,73	0,2	3,64	0,06	1,09	27	490,9
Rettich, roh	9	0,041	+	+	*	*	0,03	0,73	0,03	0,73	0,4	9,76	0,06	1,46	29	707,3
Rhabarber, roh	11	0,044	12	0,03	0,2	4,5	0,02	0,45	0,03	0,68	0,2	4,54	0,04	0,91	10	227,3
Rosenkohl, roh	38	0,160	55	0,34	0,9	5,6	0,10	0,63	0,16	1,00	0,9	5,63	0,30	1,88	102	637,5
Rote Rüben, roh	41	0,173	2	0,01	+	+	0,03	0,17	0,04	0,23	0,2	1,16	0,05	0,29	10	57,8

Werte stellen das Mittel handelsüblicher Produkte dar. Sie wurden teils analytisch, teils durch Berechnung ermittelt. + = in Spuren, * = keine Daten

LEBENSMITTEL (verzehrbarer Anteil)	Brennwert		A (Ret.-Ä.)		E (Toc.-Ä.)		B_1 (Thiamin)		B_2 (Riboflavin)		Niacin		B_6 (Pyridoxin)		C (Ascorbinsäure)	
	kcal/ 100 g	MJ/ 100 g	Gehalt µg/ 100 g	Dichte mg/ MJ	Gehalt mg/ 100 g	Dichte mg/ MJ	Gehalt mg/ 100 g	Dichte mg/ MJ	Gehalt mg/ 100 g	Dichte mg/ MJ	Gehalt mg/ 100 g	Dichte mg/ MJ	Gehalt mg/ 100 g	Dichte mg/ MJ	Gehalt mg/ 100 g	Dichte mg/ MJ
Rote Rüben, Saft	36	0,151	*	*	*	*	*	*	*	*	*	*	*	*	3	19,9
Rotkohl, roh	21	0,086	5	0,06	1,7	19,8	0,07	0,81	0,05	0,58	0,4	4,65	0,15	1,74	50	581,4
Sauerampfer, roh	23	0,087	583	6,70	*	*	*	*	*	*	*	*	*	*	47	540,2
Sauerkraut, abgetropft, roh	16	0,067	20	0,30	*	*	0,03	0,45	0,05	0,75	0,2	2,99	0,02	0,30	20	298,5
Schnittlauch, roh	38	0,161	50	0,31	*	*	0,14	0,87	0,15	0,93	0,6	3,73	*	*	47	291,9
Schwarzwurzel, roh	14	0,057	3	0,05	6,0	105,3	0,15	2,63	0,03	0,53	0,3	5,26	*	*	4	70,2
Spargel, roh	6	0,023	50	2,17	2,1	91,3	0,14	6,09	0,16	6,96	1,0	43,48	0,06	2,61	28	1217,4
in Dosen	13	0,056	50	0,89	*	*	0,06	1,07	0,08	1,43	0,8	14,28	0,03	0,54	15	267,9
Spinat, roh	16	0,063	816	1,30	1,7	27,0	0,10	1,59	0,20	3,17	0,6	9,52	0,20	3,17	51	809,5
tiefgefroren	12	0,052	500	0,96	*	*	0,09	1,73	0,16	3,08	0,5	9,62	*	*	29	557,7
Süßkartoffel (Batate), roh	96	0,401	1 mg	2,49	*	*	0,06	0,15	0,05	0,12	0,6	1,50	0,30	0,75	30	74,8
Tomaten, roh	17	0,073	133	1,82	0,8	11,0	0,06	0,82	0,04	0,55	0,6	8,22	0,10	1,37	24	328,7
in Dosen	21	0,086	117	1,36	*	*	0,05	0,58	0,04	0,47	0,1	1,16	*	*	18	209,3
Mark, gesalzen	50	0,208	207	1,00	*	*	0,09	0,43	0,06	0,29	1,5	7,21	*	*	9	43,3
Saft	17	0,070	117	1,67	*	*	0,05	0,71	0,04	0,57	0,1	1,43	*	*	17	242,9
Topinambur, roh	29	0,122	2	0,02	*	*	0,20	1,64	0,06	0,49	1,3	10,66	*	*	4	32,8
Wegerich, roh	119	0,498	60	0,12	*	*	0,05	0,10	0,05	0,10	0,7	1,41	*	*	20	40,2
Weiße Rübe, roh	16	0,068	0	0	0	0	0,04	0,59	0,05	0,74	0,6	8,82	0,08	1,18	25	367,6
Weißkohl, roh	22	0,093	10	0,11	1,7	18,3	0,05	0,54	0,05	0,54	0,3	3,23	0,10	1,08	47	505,4
getrocknet (ungeschwefelt)	219	0,917	133	0,15	*	*	0,50	0,55	0,40	0,44	3,0	3,27	*	*	211	230,1
Wirsing, roh	32	0,134	12	0,09	2,5	18,7	0,05	0,37	0,07	0,52	0,3	2,24	0,20	1,49	50	373,1
Zucchini, roh	19	0,079	58	0,73	*	*	0,05	0,63	0,09	1,14	0,4	5,06	*	*	16	202,5
Zuckermais, roh	90	0,375	120	0,32	0,1	0,3	0,15	0,40	0,12	0,27	1,7	4,53	0,20	0,53	12	32,0
Zwiebel, roh	33	0,137	33	0,24	0,1	0,73	0,03	0,22	0,03	0,22	0,2	1,46	0,13	0,95	10	73,0
getrocknet	262	1,095	50	0,05	*	*	0,30	0,27	0,20	0,18	1,1	1,00	0,50	0,46	42	38,4
PILZE																
Champignons (Zucht-)	15	0,062	*	*	0,3	4,8	0,10	1,61	0,45	7,26	4,7	75,81	0,06	0,97	4	64,5
in Dosen	12	0,051	*	*	*	*	0,02	0,39	0,22	4,31	1,6	31,37	0,06	1,18	2	39,2
Morchel (Speise-)	31	0,130	*	*	0,6	4,6	0,13	1,00	0,06	0,46	*	*	*	*	5	38,5
Pfifferling	23	0,096	*	*	0,1	1,0	0,02	0,21	0,23	2,40	6,5	67,71	*	*	6	62,5
Steinpilz	34	0,142	*	*	0,6	4,2	0,03	0,21	0,37	2,61	4,9	34,51	*	*	3	21,1
Obst und Obstprodukte																
Ananas, roh	57	0,240	10	0,04	*	*	0,08	0,33	0,03	0,13	0,2	0,83	0,08	0,33	20	83,3
in Dosen, extra heavy	95	0,399	7	0,02	*	*	0,08	0,20	0,02	0,05	0,2	0,50	0,07	0,18	7	17,5
Saft, ungesüßt	56	0,235	8	0,03	*	*	0,05	0,21	0,02	0,09	0,2	0,85	*	*	9	38,3
Apfel, geschält, roh	52	0,219	8	0,04	0,5	2,3	0,03	0,14	0,03	0,14	0,3	1,37	0,05	0,23	12	54,8
ungeschält, roh	50	0,208	*	*	*	*	0,03	0,14	0,02	0,10	0,3	1,44	0,05	0,24	12	57,7

Werte stellen das Mittel handelsüblicher Produkte dar. Sie wurden teils analytisch, teils durch Berechnung ermittelt. + = in Spuren, * = keine Daten

Vitamingehalt und Vitamindichte ausgewählter Lebensmittel

LEBENSMITTEL (verzehrbarer Anteil)	**Brennwert**		**A** (Ret.-Ä.)		**E** (Toc.-Ä.)		**B₁** (Thiamin)		**B₂** (Riboflavin)		**Niacin**		**B₆** (Pyridoxin)		**C** (Ascorbinsäure)	
	kcal/ 100 g	MJ/ 100 g	Gehalt µg/ 100 g	Dichte mg/ MJ	Gehalt mg/ 100 g	Dichte mg/ MJ	Gehalt mg/ 100 g	Dichte mg/ MJ	Gehalt mg/ 100 g	Dichte mg/ MJ	Gehalt mg/ 100 g	Dichte mg/ MJ	Gehalt mg/ 100 g	Dichte mg/ MJ	Gehalt mg/ 100 g	Dichte mg/ MJ
Apfel, getrocknet (geschwefelt)	264	1,103	*	*	*	*	0,10	0,09	0,11	1,00	0,8	0,73	*	*	11	10,0
Mus, ungezuckert	79	0,332	6	0,02	*	*	0,01	0,03	0,02	0,06	0,1	0,30	0,03	0,09	2	6,0
Saft	47	0,197	7	0,04	*	*	0,02	0,10	0,03	0,15	0,3	1,52	0,05	0,25	1	5,1
Apfelsine, roh	44	0,183	15	0,08	*	*	0,09	0,49	0,04	0,22	0,4	2,19	0,05	0,27	50	273,2
Saft, frisch gepreßt	47	0,195	12	0,06	*	*	0,10	0,51	0,03	0,15	0,4	2,05	0,05	0,26	52	266,7
Saft-Konzentrat	239	0,998	72	0,07	*	*	0,40	0,40	0,10	0,10	1,7	1,70	*	*	237	237,5
Saft, ungesüßte Handelsware	49	0,203	12	0,06	*	*	0,08	0,39	0,02	0,10	0,3	1,48	0,03	0,15	42	206,9
Aprikosen, roh	47	0,197	298	1,51	0,5	2,5	0,04	0,20	0,05	0,25	0,7	3,55	0,07	0,36	10	50,8
getrocknet (geschwefelt)	257	1,073	770	0,72	*	*	0,01	0,01	0,11	0,10	3,3	3,08	0,17	0,16	12	11,2
in Dosen, heavy sirup	71	0,298	195	0,65	*	*	0,02	0,07	0,02	0,07	0,5	1,68	0,05	0,17	4	13,4
Nektar, ca. 40% Fruchtanteil	60	0,251	105	0,42	*	*	0,01	0,04	0,01	0,04	0,2	0,80	*	*	3	12,0
Avocado, roh	223	0,932	12	0,01	3,0	3,2	0,08	0,09	0,15	0,16	1,1	1,18	0,50	0,54	13	13,9
Acerola, roh	24	0,102	40	0,39	*	*	0,02	0,20	0,06	0,59	0,4	3,92	0,10	0,98	1500	14705,9
Konzentrat, fest	261	1,093	*	*	*	*	0,50	0,46	0,70	0,64	5,7	5,22	*	*	17000	15553,5
Saft	22	0,092	*	*	*	*	0,02	0,22	0,06	0,65	0,4	4,35	*	*	1000	10869,6
Banane, roh	81	0,341	38	0,11	0,5	1,5	0,05	0,15	0,06	0,18	0,7	2,05	0,37	1,09	11	32,3
getrocknet	326	1,362	13	0,01	*	*	0,20	0,15	0,20	0,15	2,8	2,06	*	*	7	5,1
Birne, roh	46	0,193	5	0,03	0,4	2,1	0,03	0,16	0,04	0,21	0,2	1,04	0,02	0,10	5	25,9
in Dosen, heavy sirup	76	0,319	2	0,01	*	*	0,01	0,03	0,02	0,06	0,1	0,31	0,01	0,03	2	6,3
Nektar, 40% Fruchtanteil	55	0,228	+	+	*	*	+	+	0,02	0,09	+	+	*	*	+	+
Brombeere, roh	49	0,203	53	0,26	2,7	13,3	0,03	0,15	0,04	0,20	0,4	1,97	0,05	0,25	19	93,6
Saft	38	0,158	*	*	*	*	0,02	0,13	0,03	0,19	0,3	1,90	*	*	10	63,3
Cherimoya (Anone)	63	0,264	0	0	*	*	0,09	0,34	0,11	0,42	1,0	3,79	*	*	25	94,7
Dattel, getrocknet	273	1,143	5	<0,01	*	*	0,07	0,06	0,09	0,08	2,0	1,75	*	*	2	1,8
Ebereschenfrucht, süß	87	0,365	417	1,14	*	*	*	*	*	*	*	*	*	*	98	268,5
Erdbeere, roh	33	0,138	13	0,09	0,2	1,4	0,03	0,22	0,06	0,43	0,6	4,35	0,06	0,43	62	449,3
in Dosen, gesüßt	77	0,321	*	*	*	*	0,01	0,03	0,03	0,09	0,3	0,93	0,02	0,06	30	93,5
in Dosen, ungesüßt	23	0,094	9	0,10	*	*	0,01	0,11	0,03	0,32	0,4	4,26	*	*	20	212,8
tiefgefroren	33	0,137	13	0,09	0,2	1,5	0,03	0,22	0,06	0,44	0,6	4,38	*	*	60	438,0
Feige, roh	60	0,253	8	0,03	*	*	0,06	0,24	0,05	0,20	0,5	1,98	0,10	0,40	3	11,9
getrocknet	243	1,018	8	0,01	*	*	0,11	0,11	0,10	0,10	1,0	0,10	0,12	0,12	2	1,96
Granatapfelsaft, roh, frisch	47	0,198	0	0	*	*	0,02	0,10	0,03	0,15	0,2	1,01	*	*	8	40,4
Grapefruit, roh	43	0,182	3	0,02	*	*	0,05	0,27	0,03	0,16	0,2	11,0	0,03	0,16	41	225,3
Saft	39	0,164	+	+	*	*	0,04	0,24	0,02	0,12	0,2	1,22	0,01	0,06	40	243,9
Saft in Dosen, ungesüßt	48	0,201	2	0,01	*	*	0,03	0,15	0,02	0,10	0,2	1,00	0,01	0,05	35	174,1
Saft in Dosen, gesüßt	58	0,241	+	+	*	*	0,03	0,12	0,02	0,08	0,2	0,83	0,01	0,04	35	145,2
Guavas, in Dosen, mit Sirup	65	0,273	0	0	*	*	0,04	0,15	0,03	0,11	0,9	3,30	*	*	180	659,3
Hagebutten, roh	92	0,389	*	*	*	*	*	*	*	*	*	*	*	*	1250	3263,7

Werte stellen das Mittel handelsüblicher Produkte dar. Sie wurden teils analytisch, teils durch Berechnung ermittelt. + = in Spuren, * = keine Daten

LEBENSMITTEL (verzehrbarer Anteil)	**Brennwert**		**A** (Ret.-Ä.)		**E** (Toc.-Ä.)		**B_1** (Thiamin)		**B_2** (Riboflavin)		**Niacin**		**B_6** (Pyridoxin)		**C** (Ascorbinsäure)	
	kcal/ 100 g	MJ/ 100 g	Gehalt µg/ 100 g	Dichte mg/ MJ	Gehalt mg/ 100 g	Dichte mg/ MJ	Gehalt mg/ 100 g	Dichte mg/ MJ	Gehalt mg/ 100 g	Dichte mg/ MJ	Gehalt mg/ 100 g	Dichte mg/ MJ	Gehalt mg/ 100 g	Dichte mg/ MJ	Gehalt mg/ 100 g	Dichte mg/ MJ
Hagebutten, Fleisch und Schale	89	0,373	*	*	*	*	*	*	*	*	*	*	*	*	1500	4021,4
Konfitüre	257	1,076	*	*	*	*	*	*	*	*	*	*	*	*	51	47,4
Heidelbeeren, roh	87	0,362	26	0,07	*	*	0,02	0,06	0,02	0,06	0,4	1,10	*	*	22	60,8
Heidelbeeren, in Dosen, ungesüßt	39	0,164	8	0,05	*	*	0,01	0,06	0,01	0,06	0,2	1,22	*	*	10	61,0
in Dosen, gesüßt	81	0,337	6	0,02	*	*	0,03	0,09	0,04	0,12	0,4	1,19	*	*	8	23,7
tiefgefroren, ungesüßt	83	0,349	18	0,05	*	*	0,03	0,09	0,6	0,17	0,5	1,43	*	*	7	20,1
Himbeeren, roh	32	0,134	7	0,05	4,5	33,6	0,03	0,22	0,07	0,52	0,3	2,24	0,08	0,60	25	186,6
in Dosen, gesüßt	76	0,318	*	*	*	*	0,01	0,03	0,06	0,19	0,3	0,94	0,04	0,13	5	15,7
in Dosen, ungesüßt	26	0,108	5	0,05	*	*	0,01	0,09	0,04	0,37	0,5	4,63	*	*	9	83,3
Saft, frisch gepreßt	30	0,124	7	0,06	*	*	0,03	0,24	*	*	*	*	*	*	25	201,6
tiefgefroren	31	0,131	10	0,08	4,5	34,4	0,03	0,23	0,07	0,53	0,3	2,29	0,08	0,61	25	190,8
Holunderbeeren, schwarz, roh	45	0,186	180	0,97	*	*	0,07	0,38	0,07	0,38	1,0	5,38	0,25	1,34	18	96,8
Saft	38	0,159	*	*	*	*	0,03	0,19	0,06	0,38	0,4	2,52	0,09	0,57	26	163,5
Honigmelone, roh – Fruchtfleisch	53	0,221	100	0,45	0,3	1,4	0,05	0,23	0,03	0,14	0,5	2,26	*	*	25	113,1
Johannisbeeren, rot	38	0,158	7	0,04	0,2	1,3	0,04	0,25	0,03	0,19	0,2	1,27	0,05	0,32	36	227,8
schwarz	49	0,205	23	0,11	1,0	4,9	0,05	0,24	0,05	0,24	0,3	14,6	0,08	0,39	189	922,0
weiß	40	0,169	0	0	*	*	0,08	0,47	0,02	0,12	0,2	1,18	*	*	35	207,1
Konfitüre	238	0,994	*	*	*	*	*	*	*	*	*	*	*	*	21	21,1
Saft, rot	50	0,208	3	0,01	*	*	+	+	+	+	*	*	*	*	6	28,8
Saft, schwarz	54	0,224	3	0,01	*	*	+	+	+	+	+	+	*	*	30	133,9
Kaki	71	0,298	242	0,81	*	*	0,02	0,07	0,02	0,07	0,3	1,01	*	*	16	53,7
Kirschen, süß, roh[a]	59	0,246	14	0,06	0,1	0,4	0,04	0,16	0,04	0,16	0,3	1,22	0,05	0,20	15	61,0
im Glas	83	0,347	70	0,20	*	*	0,03	0,09	0,02	0,06	0,2	0,58	0,01	0,03	4	11,5
sauer, roh	50	0,209	50	0,24	0,1	0,5	0,05	0,24	0,06	0,29	0,4	1,91	*	*	12	57,4
Kiwi	50	0,209	*	*	*	*	0,02	0,10	0,05	0,24	0,4	1,91	*	*	100	478,5
Korinthen, schwarz und rot, getrocknet	259	1,085	*	*	*	*	0,03	0,03	0,08	0,07	0,5	0,46	*	*	0	0
Loganbeere, roh, ganze Frucht	18	0,075	13	0,17	0,3	4,0	0,02	0,27	0,03	0,40	0,4	5,33	*	*	35	466,7
in Dosen	107	0,449	70	0,16	*	*	0,01	0,02	0,02	0,04	0,3	0,67	*	*	35	78,0
Mandarinen, roh	45	0,188	57	0,30	*	*	0,06	0,32	0,03	0,16	0,2	1,06	0,02	0,11	32	170,2
Saft	43	0,178	42	0,24	*	*	0,06	0,32	0,03	0,16	0,2	1,06	*	*	32	170,2
Saft, Handelsware, ungesüßt	44	0,184	42	0,23	*	*	0,06	0,33	0,02	0,11	0,1	0,54	*	*	22	119,6
Mango, roh	56	0,234	*	*	1,0	4,3	0,05	0,21	0,04	0,17	0,7	2,99	*	*	30	128,2
in Dosen	82	0,345	*	*	*	*	0,02	0,06	0,03	0,09	0,2	0,58	*	*	10	29,0
Maulbeere, roh, ganze Frucht	38	0,157	*	*	*	*	0,05	0,32	0,04	0,25	0,4	2,55	*	*	10	63,7
Melone, grün, rund, roh[b]	25	0,105	*	*	0,1	1,0	0,05	0,48	0,03	0,29	0,5	4,76	*	*	25	238,1
Moosbeeren, roh	39	0,164	3	0,02	*	*	0,03	0,18	0,02	0,12	0,1	0,61	*	*	11	67,1
Nektarine, roh, ohne Stein	53	0,223	*	*	*	*	0,02	0,09	0,05	0,22	1,0	4,48	*	*	8	35,9
Olive, grün, mariniert	131	0,549	55	0,10	*	*	0,03	0,05	0,08	0,15	0,5	0,91	*	*	0	0

Werte stellen das Mittel handelsüblicher Produkte dar. Sie wurden teils analytisch, teils durch Berechnung ermittelt. + = in Spuren, * = keine Daten

[a] ohne Schale und Kerne
[b] mindestens 85% der Ware sind verzehrbar

Vitamingehalt und Vitamindichte ausgewählter Lebensmittel

V

LEBENSMITTEL (verzehrbarer Anteil)	**Brennwert**		**A** (Ret.-Ä.)		**E** (Toc.-Ä.)		**B_1** (Thiamin)		**B_2** (Riboflavin)		**Niacin**		**B_6** (Pyridoxin)		**C** (Ascorbinsäure)	
	kcal/ 100 g	MJ/ 100 g	Gehalt µg/ 100 g	Dichte mg/ MJ	Gehalt mg/ 100 g	Dichte mg/ MJ	Gehalt mg/ 100 g	Dichte mg/ MJ	Gehalt mg/ 100 g	Dichte mg/ MJ	Gehalt mg/ 100 g	Dichte mg/ MJ	Gehalt mg/ 100 g	Dichte mg/ MJ	Gehalt mg/ 100 g	Dichte mg/ MJ
Papaya	13	0,054	125	2,31	*	*	0,03	0,55	0,04	0,74	0,4	7,4	*	*	70	1296,3
Passionsfrucht, roh, ohne Schale	66	0,278	10	0,04	*	*	0,02	0,07	0,10	0,36	2,1	7,55	*	*	20	71,9
Pfirsich, roh	39	0,161	73	0,453	0,6	3,7	0,03	0,19	0,05	0,31	0,9	5,59	0,03	0,19	10	62,1
getrocknet	278	1,161	83	0,07	*	*	0,01	0,09	0,14	0,12	3,3	2,84	0,15	0,13	17	14,6
in Dosen, heavy sirup	69	0,287	45	0,16	*	*	0,01	0,03	0,02	0,07	0,6	2,09	0,02	0,07	4	13,9
Pflaumen, roh[a]	51	0,213	35	0,16	0,8	3,8	0,07	0,33	0,04	0,19	0,4	1,88	0,05	0,23	5	23,5
getrocknet	236	0,988	112	0,11	*	*	0,15	0,15	0,12	0,12	1,7	1,72	0,15	0,15	4	4,0
in Dosen	71	0,297	23	0,08	*	*	0,03	0,10	0,03	0,10	0,4	1,35	*	*	2	6,7
Preiselbeeren, roh	30	0,125	3	0,02	*	*	0,02	0,16	0,02	0,16	0,1	0,80	0,01	0,08	12	96,0
Quitten, roh	38	0,157	6	0,04	*	*	0,03	0,19	0,03	0,19	0,2	1,27	*	*	14	89,2
Reineclaude, roh[a]	57	0,239	30	0,13	*	*	*	*	*	*	*	*	*	*	6	25,1
Rosinen, getrocknet, ohne Kerne	281	1,174	30	0,03	*	*	0,10	0,09	0,08	0,07	0,5	0,43	0,11	0,09	1	0,9
Sanddornbeeren, roh	90	0,378	250	0,66	*	*	0,03	0,08	0,21	0,56	0,3	0,79	0,11	0,29	450	1190,5
Saft	44	0,182	*	*	*	*	*	*	*	*	*	*	*	*	266	1461,5
Stachelbeeren, roh	47	0,195	35	0,18	*	*	0,02	0,10	0,02	0,10	0,3	1,54	0,02	0,10	34	174,4
in Dosen, heavy sirup	90	0,377	23	0,06	*	*	*	*	*	*	*	*	*	*	10	26,5
Sultaninen, getrocknet, ganze Frucht	266	1,113	30	0,03	0,7	0,6	0,10	0,09	0,08	0,07	0,5	0,45	*	*	0	0
Wassermelone	35	0,146	58	0,40	*	*	0,05	0,34	0,05	0,34	0,3	2,05	0,07	0,48	10	68,5
Weintrauben, roh	73	0,306	5	0,02	*	*	0,05	0,16	0,03	0,10	0,3	0,98	0,07	0,23	4	13,1
getrocknet (Rosinen)	267	1,118	5	<0,01	*	*	0,10	0,09	0,10	0,09	0,5	0,45	*	*	1	0,9
Saft	69	0,290	*	*	*	*	0,04	0,14	0,02	0,07	0,2	0,69	0,02	0,07	1	3,5
Zitrone, roh, geschält	40	0,168	3	0,02	*	*	0,05	0,30	0,02	0,12	0,2	1,19	0,06	0,36	53	315,5
Saft	35	0,148	2	0,01	*	*	0,04	0,27	0,01	0,07	0,1	0,68	*	*	51	344,6

Süßwaren und Süßspeisen

SÜSSWAREN																
Bienenhonig, im Durchschnitt	325	1,361	+	+	*	*	0,03	0,02	0,05	0,04	0,1	0,07	*	*	1	0,73
Brotaufstrich auf Nußbasis	529	2,213	75	0,03	*	*	0,06	0,03	0,20	0,09	*	*	*	*	7	3,2
Kakaopulver, stark entölt	272	1,142	+	+	0,9	0,8	0,40	0,35	0,40	0,35	3,0	2,63	0,10	0,09	0	0
Kokosflocken	444	1,858	0	0	*	*	0,03	0,02	+	+	0,2	0,11	*	*	1	0,54
Konfitüre, im Durchschnitt	266	1,119	*	*	*	*	+	+	+	+	0,2	0,18	*	*	2	1,8
Marzipan	435	1,895	0	0	*	*	0,08	0,04	0,45	0,24	1,5	0,79	0,06	0,03	2	1,1
Nougat	500	2,092	0	0	8,4	4,0	0,12	0,06	0,06	0,03	0,4	0,19	*	*	1	0,48
Schokolade, halbbitter	507	2,122	+	+	2,0	0,9	0,08	0,04	0,08	0,04	0,7	0,33	*	*	0	0
Vollmilchschokolade	526	2,200	+	+	1,9	0,9	0,10	0,05	0,35	0,16	0,4	0,18	*	*	+	+
mit Haselnüssen (20%)	556	2,335	+	+	7,0	3,0	0,15	0,06	0,32	0,14	0,6	0,26	*	*	1	0,43
Zucker	400	1,680	0	0	0	0	0	0	0	0	0	0	0	0	0	0

Werte stellen das Mittel handelsüblicher Produkte dar. Sie wurden teils analytisch, teils durch Berechnung ermittelt. + = in Spuren, * = keine Daten [a] mindestens 85% der Ware sind verzehrbar

Die Mineralstoffe

Allgemeines über die Mineralstoffe

Zahlreiche Mineralstoffe sind sowohl für die Körperstruktur als auch für die Aufrechterhaltung verschiedener Körperfunktionen wichtig; daher müssen sie dem Körper mit der Nahrung zugeführt werden. Menschen und Tiere sind bei der Deckung ihres Bedarfs an Mineralstoffen auf die Pflanzen angewiesen.
Nach ihrer Konzentration im Körper (und der benötigten Menge) unterscheidet man zwischen Mengenelementen (Makroelementen) und Spurenelementen (Mikroelementen). Mengenelemente wie Natrium (Na), Kalium (K), Calcium (Ca), Phosphor (P), Magnesium (Mg) und Chlor (Cl) kommen im Körper in großen Konzentrationen vor. Sie werden in g-Mengen pro Tag benötigt und aufgenommen. Die Spurenelemente dagegen wie Eisen (Fe), Jod (J), Kobalt (Co), Kupfer (Cu), Mangan (Mn), Molybdän (Mo), Zink (Zn), Chrom (Cr) und Selen (Se) kommen im Körper in relativ geringen Konzentrationen (weniger als 50 mg/kg Trockengewicht) vor, sie werden vom Körper in µg- bis mg-Mengen benötigt.
Mineralstoffe kommen im Körper in Ionenform, teils in anorganischen, teils in organischen Bauteilen vor. Nach ihren Funktionen im Körper können sie in folgende Gruppen eingeteilt werden:

1. Mineralstoffe, die Bestandteil von Körperstrukturen sind:
   - Mineralstoffe des Stützapparates: Anders als bei weichen Geweben bestehen Knochen und Zähne hauptsächlich aus Mineralstoffen. Ihre wichtigsten Vertreter sind Calcium, Phosphor und Magnesium.
   - Mineralstoffe als Bestandteil von Körpergeweben und Zellen: Sie sind am Aufbau von Wirkstoffen, Enzymen und Hormonen beteiligt oder sie werden für die Synthese von anderen Wirkstoffen, zum Beispiel Kobalt für die Bildung von Vitamin B_{12}, oder als Aktivatoren bestimmter Enzyme benötigt.
2. Mineralstoffe der Körperflüssigkeiten: Sie sind löslich, ihre wichtigsten Vertreter sind Kalium, Natrium, Chlor, Phosphor und Calcium; ihre Hauptfunktionen sind Regulierung und Erhaltung des Wasser- und Elektrolythaushalts sowie der Druckverhältnisse in den Körperzellen wie auch der Schaffung des richtigen Milieus (Puffersystem), das für viele lebenswichtige Reaktionen, zum Beispiel Leitung und Beantwortung der Reize, benötigt wird.

Im Gegensatz zu den genannten Mengenelementen sind nicht alle im Körper vorkommenden Spurenelemente essentiell. Als essentiell, da konkrete physiologische Funktionen von ihnen bekannt sind, gelten Chrom, Eisen, Fluor, Jod, Kobalt, Kupfer, Mangan, Molybdän, Selen, Vanadium und Zink. Die Funktionen von Nickel und Zinn sind nicht sicher bekannt. Die übrigen Spurenelemente sind entweder ohne physiologische Funktionen und somit als entbehrlich erwiesen, zum Beispiel Aluminium, Barium, Bor, Gold und andere, oder sie sind sogar bei hohen Aufnahmen toxisch wie Antimon, Arsen, Blei, Cadmium und Quecksilber. Im folgenden werden alle Mengenelemente außer Chlor (Cl) behandelt. Als Beispiele für die jeweils spezifische Rolle der Spurenelemente im Stoffwechsel werden Eisen (Fe), Fluor (F), Jod (J), Mangan (Mn), Kupfer (Cu) und Zink (Zn) dargestellt.

Natrium (Na)

Natrium ist an der Regulierung des osmotischen Drucks der Zellflüssigkeit (extrazelluläre Flüssigkeit) beteiligt. Es wird auch für die Säure-Basen-Bilanz benötigt. Natrium beeinflußt die Funktion der Zellmembran und ist an der Resorption von Zuckern und Aminosäuren beteiligt. Ferner spielt Natrium bei der Muskelreizbarkeit und -kontraktion eine Rolle. Natrium gilt auch als Aktivator einiger Enzyme.
Natrium wird schnell resorbiert. Seine Ausscheidung erfolgt hauptsächlich über die Niere, und von ihr wird sie reguliert.
Der Bedarf an Natrium liegt bei <1 g/Tag und ist von Alter, Geschlecht und abgesonderter Schweißmenge abhängig. Die wünschenswerte Zufuhr für Erwachsene, Schwangere und Stillende liegt bei 2 bis 3 g/Tag, für Kinder und Jugendliche bei 1 bis 2 g/Tag und für Säuglinge bei 0,1 bis 0,3 g/Tag.
Natriummangel äußert sich in Apathie und Schwäche, Übelkeit, Absinken des Blutdrucks und bei schwerem Mangel in Muskelkrämpfen.

M

Natrium (Na)

Eine übermäßige Aufnahme von Natrium ist gesundheitlich nicht unbedenklich und ist insbesondere ein Risikofaktor für Menschen mit erhöhtem Blutdruck.
Der größte Anteil an Natrium wird über die Nahrung in Form zugesetzten Kochsalzes (Natriumchlorid, NaCl) aufgenommen.

$$1\,\mathrm{g\ NaCl} \triangleq 17\ \mathrm{mval\ (= mmol)\ Na}$$
$$\triangleq 17 \times 23 = 391\ \mathrm{mg\ Na}$$

Lebensmittel, die für eine streng natriumarme Diät geeignet sind

Als geeignet wurden solche Lebensmittel bezeichnet, durch die mit einer üblichen Portion weniger als 10% der maximal erlaubten Zufuhr von Natrium erreicht werden. Eine Zufuhr von maximal 391 mg Natrium (= 17 mmol) pro Tag wird als streng natriumarme Diät bezeichnet.

LEBENSMITTEL (verzehrbarer Anteil)	Portion in g	mg je Portion	% der maximal erlaubten Zufuhr	
			männl.	weibl.
FISCHE				
Brassen	100	23	6	6
Brassen	150	34,5	9	9
Renke (Felchen)	100	36	9	9
GETREIDE UND -PRODUKTE	60	grundsätzlich geeignet		
FRÜHSTÜCKSFLOCKEN				
Müslimischung, Trockenprodukt	60	9	2	2
Früchtemüsli, ohne Zucker	60	11	3	3
Schokomüsli	60	14	4	4
TEIGWAREN	60	grundsätzlich geeignet		
HÜLSENFRÜCHTE	75	grundsätzlich geeignet		
SAMEN				
Haselnuß; Paranuß	10	0,2	0,1	0,1
Erdnuß, geröstet; Mandel	10	0,3	0,1	0,1
Walnuß	10	0,5	0,1	0,1
Cashew-Nuß	10	1,5	0,4	0,4
Kokosraspel	10	2,8	0,7	0,7
GEMÜSE				
Kürbis, roh	100	1	0,3	0,3
Bohnen, grün und Erbsen, grün, roh; Paprikafrüchte und Rhabarber, roh	100	2	1	1
Batate (Süßkartoffel), roh; Feldsalat, roh; Rotkohl, roh	100	4	1	1
Porree (Knolle); Schwarzwurzel, roh; Tomatensaft	100	5	1	1
Tomate, roh	100	6	2	2
Chinakohl und Rosenkohl, roh	100	7	2	2
Aubergine, roh; Gurken, roh; Pastinake, roh	100	8	2	2
Wirsing, roh	100	9	2	2
Kohlrabi, roh; Kohlrübe, roh; Kopfsalat, roh	100	10	3	3
Radieschen, roh	100	12	3	3
Blumenkohl, tiefgefroren; Weißkohl, roh	100	13	3	3
Blumenkohl, roh	100	16	4	4
Rettich, roh	100	18	5	5
Kürbis, roh	200	2	1	1
Bohnen, grün und Erbsen, grün, roh; Paprikafrüchte und Rhabarber, roh	200	4	1	1
Batate (Süßkartoffel), roh; Rotkohl, roh	200	8	2	2
Porree (Knolle); Schwarzwurzel, roh; Tomatensaft	200	10	3	3
Tomate, roh	200	12	3	3
Rosenkohl, roh	200	14	4	4
Aubergine, roh; Gurken, roh; Pastinake, roh	200	16	4	4
Wirsing, roh	200	18	5	5
Kohlrabi, roh; Kohlrübe, roh	200	20	5	5
Blumenkohl, tiefgefroren; Weißkohl, roh	200	26	7	7
Blumenkohl, roh	200	32	8	8
PILZE				
Birkenpilze; Morcheln (Speise-), roh	100	2	1	1
Pfifferlinge, roh	100	3	1	1
Reizker; Steinpilze, roh	100	6	2	2
Champignons (Zucht-)	100	12	3	3
Champignons (Zucht-)	200	24	6	6
OBST	100	grundsätzlich geeignet		

Lebensmittel, die für eine streng natriumarme Diät bedingt geeignet sind

Als bedingt geeignet wurden solche Lebensmittel bezeichnet, durch die mit einer üblichen Portion höchstens 20% der maximal erlaubten Zufuhr von Natrium erreicht werden. Eine Zufuhr von maximal 391 mg Natrium (= 17 mmol) pro Tag wird als streng natriumarme Diät bezeichnet.

LEBENSMITTEL (verzehrbarer Anteil)	Portion in g	mg je Portion	% der maximal erlaubten Zufuhr	
			männl.	weibl.
EIER				
1 Hühnerei (Gew.-Kl. 6)	43	54	14	14
1 Hühnerei (Gew.-Kl. 4)	52	66	17	17
SEEFISCHE				
Heilbutt	100	67	17	17
Kabeljau	100	72	18	18
Ostseehering	100	74	19	19
SÜSSWASSERFISCHE				
Forelle	100	40	10	10
Karpfen	100	46	12	12
Barsch	100	47	12	12
Lachs	100	51	13	13
Hecht	100	63	16	16
Aal, Flußaal	100	65	17	17
Felchen (Renke)	150	54	14	14
GEFLÜGEL				
Truthahn, Brust	100	46	12	12
Truthahn, ausgewachsene Tiere	100	63	16	16
Huhn, Brust; Truthahn, Jungtiere	100	66	17	17
Huhn, Leber	100	68	17	17
HAMMELFLEISCH				
Lende	100	75	19	19
Keule	100	78	20	20
RINDFLEISCH				
Filet	100	51	13	13
Muskelfleisch, ohne Fett	100	57	15	15
Lende	100	74	19	19
Kamm	100	76	19	19
SCHWEINEFLEISCH				
Schnitzel	100	56	14	14
Bauch	100	59	15	15
Muskelfleisch, ohne Fett	100	60	15	15
Kotelett	100	62	16	16
Keule	100	72	18	18
Bug; Filet	100	74	19	19
Kamm	100	76	19	19
Kopf; Leber	100	77	20	20
Eisbein	100	78	20	20
WILD UND SONSTIGE FLEISCHARTEN				
Pferd	100	44	11	11
Kaninchen	100	47	12	12
Hase	100	50	13	13
Reh, Keule	100	60	15	15
Hirsch	100	61	16	16

M

Natriumverluste bei verschiedenen Zubereitungsarten

LEBENSMITTEL (verzehrbarer Anteil)	Verluste in % der Trockensubstanz				
	Backen/ Grillen	Braten/ Rösten	Dünsten	Kochen	Schmoren
Eier	*/*	0/*	22[a]	0	*
Fettfisch	*/0	0/*	*	*	0
Weißfisch	0/*	24-30/*	0	*	*
Muscheln	*/*	*/*	*	45	*
Huhn	*/*	*/4-20	*	28-29	*
Ente	*/*	*/0	*	*	*
Truthahn	*/*	*/15-22	*	*	*
Lammfleisch	*/0	*/0-33	*	*	0
Kalbfleisch	*/*	*/51	*	*	*
Rindfleisch	*/12	19/2-12	*	22	0
Schweinefleisch	*/0	*/0	*	*	*
Kaninchen	*/*	*/*	*	*	66
Herz (Rind)	*/*	*/*	*	*	0
Niere (Lamm, Rind, Schwein)	*/*	23/*	*	*	0
Leber (Lamm, Kalb, Rind, Huhn)	*/*	0/*	*	*	0
Bries (Lamm)	*/*	0/*	*	*	*
Würstchen	*/0	0/*	*	*	*
Nudeln	*/*	*/*	*	0-3	*

a = Pochieren   * = es liegen keine Daten vor

LEBENSMITTEL (verzehrbarer Anteil)	Verluste in % der Trockensubstanz				
	Backen/ Grillen	Braten/ Rösten	Dünsten	Kochen	Schmoren
Reis	*/*	*/*	*	0	*
Kohl	*/*	*/*	*	5–59	*
Rüben	*/*	*/*	*	43–72	*
Wurzelgemüse	*/*	*/*	*	0–28	*
Kartoffeln	3/*	*/14	*	48	*
Batate	*/*	*/*	*	0	*
Beerenobst	*/*	*/*	0–24	*	*
Kernobst	7/*	*/*	0	*	*
Steinobst	*/*	*/*	0–73	*	*
Backpflaumen	*/*	*/*	25	*	*
Rhabarber	*/*	*/*	0	*	*

* = es liegen keine Daten vor

Durch Kochen entstehen außerdem folgende Verluste an Natrium: Blumenkohl 34, Broccoli 46, Erbsen gefroren 29, Erbsen getrocknet 0, Kohlrabi 41, Lauch 0, Pastinake 75, Pilze 71, Zwiebeln 0, Zuckermais 0 g je 100 g TS.
Durch Braten entsteht bei Zwiebeln ein Natriumverlust von 75 g je 100 g TS.

Kalium (K)

Kalium ist an der Regulierung des osmotischen Drucks innerhalb der Zelle in der intrazellulären Flüssigkeit maßgebend beteiligt. Es wird für das Säure-Basen-Gleichgewicht, neuromuskuläre Reizbarkeit und Muskelkontraktion benötigt. Bei der Regulation der Zellproteine und für die Aktivität einiger Enzyme (Oxidasen, Pyruvatkinase, glykolytische Enzyme) spielt Kalium eine Rolle. Kalium ist Bestandteil der Verdauungssäfte des Magen-Darm-Traktes, es wird rasch resorbiert. Seine Ausscheidung erfolgt über die Niere und ist gesteigert bei erhöhter Natriumzufuhr.
Der Bedarf an Kalium liegt bei 1 g/Tag. Die wünschenswerte Zufuhr für Erwachsene, Schwangere und Stillende beträgt 3 bis 4 g/Tag (= 77–104 mmol/Tag). Kaliummangel äußert sich in Herz-Muskel-Schäden bis hin zur Nekrose, ferner in Muskelerschlaffung, Blutdrucksenkung, Appetitlosigkeit, Pulsirregularitäten und Auftreiben des Abdomens.
Anhaltende übermäßige Aufnahme von Kalium wird in Verbindung gebracht mit Schwäche- und Schweregefühl der Muskeln, Herzarrhythmien, Kreislaufkollaps und Herzstillstand.

Besonders reiche Kaliumquellen

Als besonders kaliumreich wurden solche Lebensmittel bezeichnet, durch die mit einer üblichen Portion mindestens 15% der von der DGE empfohlenen Kaliumzufuhr erreicht werden. Die DGE (1985) empfiehlt pro Tag für weibliche und männliche Erwachsene 3,5 g Kalium.

LEBENSMITTEL (verzehrbarer Anteil)	Portion in g	mg je Portion	Empfohlene Zufuhr %	
			männl.	weibl.
SEEFISCHE				
Ostseehering	150	555	16	16
Makrele	150	594	17	17
SÜSSWASSERFISCHE				
Lachs	150	556,5	16	16
Forelle	150	697,5	20	20
GEFLÜGEL				
Huhn, Brathuhn	150	538,5	15	15
Gans	150	630	18	18
HAMMELFLEISCH				
Keule	150	570	16	16
Schnitzel	150	625,5	18	18
KALBFLEISCH				
Schnitzel	150	532,5	15	15
Kotelett	150	553,5	16	16
RINDFLEISCH				
Keule	150	535,5	15	15
Kamm	150	543	16	16
SCHWEINEFLEISCH				
Schnitzel	150	559,5	17	17
WILD UND SONSTIGE FLEISCHARTEN				
Reh, Rücken	150	513	15	15
Kaninchen	150	573	16	16
Hase	150	600	17	17
BROTE				
Pumpernickel	175[a]	794,5	23	23
Simonsbrot	175[a]	717,5	20,5	20,5
HÜLSENFRÜCHTE				
Linsen	75	607,5	17	17
Bohnen, weiß	75	975	28	28
Limabohnen	75	1275	36	36
Sojabohnen	75	1312,5	37,5	37,5
GEMÜSE				
Spinat, roh	100	633	18	18
Rotkohl, roh	200	534	15	15

a = Brotportion für 1. und 2. Frühstück bzw. Abendessen

LEBENSMITTEL (verzehrbarer Anteil)	Portion in g	mg je Portion	Empfohlene Zufuhr % männl.	Empfohlene Zufuhr % weibl.
Rhabarber, roh	[illegible]	[illegible]	15	15
Wirsing			16	16
Sauerk			16	16
Möhre			17	17
Blattse			17	17
Tomate			17	17
Zucker			17	17
Knolle			18	18
Blume			18	18
Schwa			18	18
Spinat			18	18
Rettich			8	18
Rote R			9	19
Erbse			9	19
Bleich			0	20
Artisch			0	20
Kohlra			1	21
Kürbis			2	22
Rosen			2	22
Batate				23
Brocc				23
Pastin				27
Bamb				27
Topina				27
Grünk				28
Spina				36
Kartof				49
PILZ				
Trüffe				15
Cham				24
OBS				
Johan				15
Nektar				15
Apriko				16
Kiwi, r				17
Melo				18
Honig				19
Johan				19
Passionsfrucht, roh	200	700	20	20
Banane, roh	200	764	22	22

Fotos: Angeli, Bull

die weibliche Eizelle so, daß entweder männliche oder weibliche Samenzellen leichter eindringen können. Und so wird's gemacht:

Jungen-Diät: vor allem Schinken, Speck, Räucherfisch, reichlich Salz, Mais, Sellerie, Tomaten, Bananen, Orangen, Weintrauben, Kirschen und alle Nahrungsmittel, die viel Natrium und Kalium enthalten.

Mädchen-Diät: alle Molkereiprodukte (Milch, Käse, Quark, Joghurt), Pampelmusen, Kiwis, Äpfel, Nüsse, grüne Salate, Gurken, Kohl, Spargel; magnesium- und kalziumhaltige Speisen, wenig Salz und nur natriumarmes Mineralwasser.

Wichtig: Mit der Diät muß nicht während der Schwangerschaft, sondern gut sechs Wochen vor dem geplanten Empfängnistermin begonnen werden!

Junge oder Mädchen – diese Frage erledigt sich bei Zwillingen oft von selbst

BILDWOCHE 5

Kaliumverluste bei verschiedenen Zubereitungsarten

LEBENSMITTEL (verzehrbarer Anteil)	Verluste in % der Trockensubstanz: Backen/ Grillen	Braten/ Rösten	Dünsten	Kochen	Schmoren
Eier	*/*	12/*	15[a]	0	*
Fettfisch	*/0	0/*	*	*	31
Weißfisch	29/*	41–48/*	17	*	*
Muscheln	*/*	*/*	*	78	*
Huhn	*/*	*/3–22	*	18–49	*
Ente	*/*	*/0	*	*	*
Truthahn	*/*	*/17–25	*	*	*
Lammfleisch	*/0	*/5–17	*	*	32
Kalbfleisch	*/*	*/33	*	*	*
Rindfleisch	*/6	17/0–21	*	46	13–57
Schweinefleisch	*/0	*/2	*	*	*
Kaninchen	*/*	*/*	*	*	59
Herz (Rind)	*/*	*/*	*	*	60
Niere (Lamm, Rind, Schwein)	*/*	21/*	*	*	59–63
Leber (Lamm, Kalb, Rind, Huhn)	*/*	19–79/*	*	*	34
Bries (Lamm)	*/*	62/*	*	*	*
Würstchen	*/0	0/*	*	*	*
Nudeln	*/*	*/*	*	1–4	*
Reis	*/*	*/*	*	0	*
Kohl	*/*	*/*	*	0–34	*
Rüben	*/*	*/*	*	13–27	*
Wurzelgemüse	*/*	*/*	*	30–53	*
Kartoffeln	0/*	*/11	*	28	*
Batate	*/*	*/*	*	0	*
Beerenobst	*/*	*/*	0–11	*	*
Kernobst	0/*	*/*	0–2	*	*
Steinobst	*/*	*/*	2–30	*	*
Backpflaumen	*/*	*/*	20	*	*
Rhabarber	*/*	*/*	0	*	*

Durch Kochen entstehen außerdem folgende Verluste an Kalium: Blumenkohl 32, Broccoli 30, Erbsen roh 46, Erbsen gefroren 26, Erbsen getrocknet 20, Kohlrabi 19, Lauch 0, Pastinake 11, Pilze 71, Zwiebeln 0, Zuckermais 7 g je 100 g TS.
Durch Braten entsteht bei Zwiebeln ein Kaliumverlust von 76 g je 100 g TS.

a = Pochieren * = es liegen keine Daten vor

M

Calcium (Ca)

Calcium wird für die Bildung von Knochen und Zahnsubstanz benötigt. Ohne Calcium läuft die Blutgerinnung nicht ab. Calcium ist an der Erregbarkeit der Nerven und Muskeln beteiligt, es beeinflußt die Durchlässigkeit der Zellmembranen. Calcium gilt ferner als Aktivator bestimmter Enzyme wie Renin (Labenzym).
Die Calciumresorption erfolgt in Abhängigkeit vom Bedarf. Sie wird begünstigt durch Vitamin D, Milchzucker und im sauren Milieu, und sie wird gehemmt durch übermäßige Fettaufnahme und Bindung an Oxalat, Phytat und Phosphor. Seine Ausscheidung erfolgt hauptsächlich über die Faeces (bis zu 70–90% der Aufnahme). Sowohl die Resorption als auch die Einbaurate in den Knochen werden durch das Hormon der Nebenschilddrüse kontrolliert. Der Bedarf des Erwachsenen an Calcium ist bei einer Aufnahme von 800 mg/Tag (= 73–89 mg/MJ/Tag) gedeckt. Während der Schwangerschaft und der Laktation ist der Bedarf erhöht.
Calciummangel führt zur Entkalkung des Skelettsystems mit den Krankheitsbildern Rachitis (bei Säuglingen und Kindern) und Osteomalazie = Knochenerweichung (bei Erwachsenen). Ferner führt der Calciummangel zu erhöhter Erregbarkeit des Nervensystems und der Muskulatur (Tetanie).

Besonders reiche Calciumquellen

Als besonders calciumreich wurden solche Lebensmittel bezeichnet, durch die mit einer üblichen Portion mindestens 15% der von der DGE empfohlenen Calciumzufuhr erreicht werden. Die DGE (1985) empfiehlt pro Tag für weibliche und männliche Erwachsene 800 mg Calcium.

LEBENSMITTEL (verzehrbarer Anteil)	Portion in g	mg je Portion	Empfohlene Zufuhr %	
			männl.	weibl.
MILCH UND MILCHPRODUKTE				
Dickmilch; Kefir, 3,5% Fett	150	180	22,5	22,5
Joghurt aus Trinkmilch, 3,5% Fett	150	180	22,5	22,5
Joghurt, fettarm, 1,5% Fett	150	184,5	23	23
Joghurt aus Magermilch	150	187,5	23	23
Joghurt aus Trinkmilch, 3,5% Fett	175	210	26	26
Joghurt, fettarm, 1,5% Fett	175	215	27	27
Joghurt aus Magermilch	175	219	27	27
Buttermilch	200	218	27	27
Trinkmilch; H-Milch; 3,5%;				
Rohmilch, Vorzugsmilch	200	240	30	30
Trinkmilch; H-Milch, fettarm, 1,5%	200	246	31	31
H-Milch; Trinkmilch, entrahmt	200	250	31	31
KÄSE, HARTKÄSE				
Chester (Cheddar), 50% Fett i. Tr.	45	364,5	46	46
Emmentaler, 45% Fett i. Tr.	45	459	57	57
Parmesan	45	580,5	73	73
SCHNITTKÄSE				
Edelpilzkäse, 50% Fett i.Tr.	45	237	30	30
Edamer, 45% Fett i. Tr.	45	305	38	38
Edamer, 30% Fett i. Tr.	45	360	45	45
Gouda, 45% Fett i. Tr.	45	369	46	46
Tilsiter, 30% Fett i. Tr.	45	373,5	47	47
Tilsiter, 45% Fett i. Tr.	45	386	48	48
WEICHKÄSE				
Romadur, 20% Fett i.Tr.	45	168	21	21
Brie, 50%; Camembert, 60% Fett i. Tr.	45	180	22,5	22,5
Limburgerkäse, 20%, 40% Fett i. Tr.	45	240	30	30
Camembert, 45% Fett i.Tr.	45	256,5	32	32
Camembert, 30% Fett i.Tr.	45	270	34	34
SCHMELZKÄSE				
Schmelzkäse, 45% Fett i. Tr.	45	246	31	31
BROTE				
Pumpernickel	175[a]	147	18	18
GEMÜSE				
Löwenzahnblätter, roh	100	173	22	22
Brunnenkresse, roh	100	180	22,5	22,5
Kohlrabi, roh	200	136	17	17
Bleichsellerie, roh	200	160	20	20
Porree (Knolle), roh	200	174	22	22
Broccoli, roh	200	226	28	28
Spinat, tiefgefroren	200	240	30	30
Spinat, roh	200	252	31,5	31,5
Grünkohl, roh	200	460	57,5	57,5

a = Brotportion für 1. und 2. Frühstück bzw. Abendessen

Calciumverluste bei verschiedenen Zubereitungsarten

LEBENSMITTEL (verzehrbarer Anteil)	Verluste in % der Trockensubstanz				
	Backen/ Grillen	Braten/ Rösten	Dünsten	Kochen	Schmoren
Eier	*/*	16/*	0[a]	0	*
Fettfisch	*/0	0/*	*	*	18
Weißfisch	10/*	0/*	0	*	*
Muscheln	*/*	*/*	*	0	*
Huhn	*/*	*/7-35	*	23-33	*
Ente	*/*	*/0	*	*	*
Truthahn	*/*	*/8-20	*	*	*
Lammfleisch	*/0	*/0	*	*	0
Kalbfleisch	*/*	*/3	*	*	*
Rindfleisch	*/4	11/0-6	*	0	0
Schweinefleisch	*/0	*/0	*	*	*
Kaninchen	*/*	*/*	*	*	66
Herz (Rind)	*/*	*/*	*	*	14
Niere (Lamm, Rind, Schwein)	*/*	17/*	*	*	0-24
Leber (Lamm, Kalb, Rind, Huhn)	*/*	0/*	*	*	0
Bries (Lamm)	*/*	0/*	*	*	*
Würstchen	*/0	0/*	*	*	*
Nudeln	*/*	*/*	*	3-4	*
Reis	*/*	*/*	*	27	*
Kohl	*/*	*/*	*	0	*
Rüben	*/*	*/*	*	11-23	*
Wurzelgemüse	*/*	*/*	*	0-8	*
Kartoffeln	6/*	*/15	*	36	*
Batate	*/*	*/*	*	0	*
Beerenobst	*/*	*/*	0-11	*	*
Kernobst	4/*	*/*	0-14	*	*
Steinobst	*/*	*/*	0-6	*	*
Backpflaumen	*/*	*/*	24	*	*
Rhabarber	*/*	*/*	0	*	*

Durch Kochen entstehen außerdem folgende Verluste an Calcium: Blumenkohl 0, Broccoli 17, Erbsen roh 7, Erbsen gefroren 0, Erbsen getrocknet 0, Kohlrabi 0, Lauch 0, Pastinake 32, Pilze 69, Zwiebeln 0, Zuckermais 0 g je 100 g TS.
Durch Braten entsteht bei Zwiebeln ein Calciumverlust von 76 g je 100 g TS.

[a] = Pochieren * = es liegen keine Daten vor

Phosphor

Phosphor ist unentbehrlich für den intermediären Stoffwechsel, besonders im Prozeß der Energiegewinnung und Energietransformation. Er ist Baustein für Nukleinsäuren und ist am Aufbau des Stützapparates beteiligt.
Seine Resorption wird durch Vitamin D begünstigt und durch Bindung an andere Nahrungsinhaltsstoffe gehemmt. Hier kommen verschiedene anorganische (zum Beispiel Calcium, Aluminium, Eisen) und organische Stoffe (zum Beispiel Inosit) in Frage. Seine Ausscheidung erfolgt über die Niere, und zwar abhängig vom Blutspiegel und der Nierenschwelle. Das Hormon der Nebenschilddrüse reguliert das Gleichgewicht zwischen Ausscheidung und Blutspiegel.
Der Bedarf des Erwachsenen an Phosphor liegt bei 800 mg/Tag (= 73–89 mg/MJ/Tag). Er ist während Schwangerschaft und Stillzeit erhöht. Phosphor-Mangelerscheinungen sind beim Menschen unbekannt. In Verbindung mit Vitamin-D-Mangel kann der Phosphormangel zum Krankheitsbild Rachitis führen.

Besonders reiche Phosphorquellen

Als besonders phosphorreich wurden solche Lebensmittel bezeichnet, durch die mit einer üblichen Portion mindestens 30% der von der DGE empfohlenen Phosphorzufuhr erreicht werden. Die DGE (1985) empfiehlt pro Tag für weibliche und männliche Erwachsene 800 mg Phosphor.

LEBENSMITTEL (verzehrbarer Anteil)	Portion in g	mg je Portion	Empfohlene Zufuhr %	
			männl.	weibl.
KÄSE				
Parmesan, 35% Fett i.Tr.	45	378	47	47
Schmelzkäse, 45% Fett	45	425	53	53
SEEFISCHE				
Ostseehering	100	240	30	30
Hering, Heringsfilet	100	250	31	31
Sardine	100	258	32	32
Seelachs	100	300	37,5	37,5
Tintenfisch	150	259,5	32	32
Schellfisch	150	264	33	33
Katfisch	150	268,5	34	34
Kabeljau, Kabeljaufilet	150	285	36	36
Seezunge	150	292,5	37	37
Scholle	150	297	37	37
Flunder	150	300	37,5	37,5
Rotbarsch	150	301,5	38	38
Heilbutt	150	303	38	38

M

LEBENSMITTEL (verzehrbarer Anteil)	Portion in g	mg je Portion	Empfohlene Zufuhr % männl.	Empfohlene Zufuhr % weibl.
Makrele	150	357	45	45
Ostseehering	150	360	45	45
Hering, Heringsfilet	150	375	47	47
Sardine	150	387	48	48
Seelachs	150	450	56	56
SÜSSWASSERFISCHE				
Forelle (Bachforelle)	100	242	30	30
Lachs	100	266	33	33
Felchen (Renke)	100	290	36	36
Hecht	150	288	36	36
Zander	150	291	36	36
Barsch	150	297	37	37
Karpfen	150	324	40,5	40,5
Aal (Flußaal)	150	334,5	42	42
Forelle (Bachforelle)	150	363	45	45
Lachs	150	399	50	50
Felchen (Renke)	150	435	54	54
GEFLÜGEL				
Huhn, Leber	100	240	30	30
Suppenhuhn	150	267	33	33
Gans	150	276	34,5	34,5
Ente	150	280,5	35	35
Huhn, Keule	150	282	35	35
Huhn, Brathuhn	150	300	37,5	37,5
Huhn, Brust	150	318	40	40
Truthahn, ausgewachsene Tiere	150	339	42	42
Truthahn, Jungtiere	150	357	45	45
HAMMELFLEISCH				
Hirn	100	305	38	38
Leber	100	364	45,5	45,5
Filet	150	243	30	30
Keule	150	319,5	40	40
KALBFLEISCH				
Niere	100	260	32,5	32,5
Filet; Haxe	100	300	37,5	37,5
Hirn	100	350	44	44
Kotelett	150	292,5	37	37
Muskelfleisch, ohne Fett; Keule	150	297	37	37
Schnitzel	150	309	39	39
Brust	150	355,5	44	44

LEBENSMITTEL (verzehrbarer Anteil)	Portion in g	mg je Portion	Empfohlene Zufuhr % männl.	Empfohlene Zufuhr % weibl.
RINDFLEISCH				
Niere	100	248	31	31
Leber	100	352	44	44
Hirn	100	366	46	46
Filet	150	246	31	31
Hackfleisch, 14% Fett	150	285	36	36
Keule	150	292,5	37	37
Kamm	150	300	37,5	37,5
SCHWEINEFLEISCH				
Niere	100	260	32,5	32,5
Leber	100	362	45	45
Hirn	100	400	50	50
Kasseler	150	240	30	30
Keule	150	258	32	32
Filet	150	259,5	32	32
Schnitzel	150	291	36	36
Kopf	150	294	37	37
WILD UND SONSTIGE FLEISCHARTEN				
Hirsch	100	249	31	31
Pferd	150	277,5	35	35
Hase; Reh, Keule und Rücken	150	330	41	41
Kaninchen	150	336	42	42
Hirsch	150	373,5	47	47
GETREIDE				
Haferflocken, Vollkorn	60	243	30	30
Weizen, Korn	60	244	30,5	30,5
Grünkern (Dinkel), Korn	60	247	31	31
Haferflocken, Instant	60	258	32	32
BROTE				
Roggenbrot	175[a]	245	31	31
Roggenmischbrot	175[a]	320	40	40
Simonsbrot	175[a]	331	41	41
Roggenschrot- und Vollkornbrot	175[a]	385	48	48
Pumpernickel	175[a]	401	50	50
Steinmetzbrot	175[a]	453	57	57
Weizenschrot- und Vollkornbrot	175[a]	464	58	58
HÜLSENFRÜCHTE				
Limabohne	75	240	30	30
Erbsen, gelb, geschält	75	283,5	35	35
Linsen	75	309	39	39

a = Brotportion für 1. und 2. Frühstück bzw. Abendessen

LEBENSMITTEL (verzehrbarer Anteil)	Portion in g	mg je Portion	Empfohlene Zufuhr %	
			männl.	weibl.
Kichererbsen	75	321	40	40
Bohnen, weiß	75	322,5	40	40
Sojabohnen	75	442,5	55	55
GEMÜSE				
Artischocke, roh	200	260	32,5	32,5
PILZE				
Champignons	200	240	30	30

Phosphorverluste bei verschiedenen Zubereitungsarten

LEBENSMITTEL (verzehrbarer Anteil)	Verluste in % der Trockensubstanz				
	Backen/ Grillen	Braten/ Rösten	Dünsten	Kochen	Schmoren
Eier	*/*	19/*	0[b]	0	*
Fettfisch	*/0	0/*	*	*	28
Weißfisch	27/*	25–43/*	15	*	*
Muscheln	*/*	*/*	*	0	*
Huhn	*/*	*/1–15	*	30–34	*
Ente	*/*	*/0	*	*	*
Truthahn	*/*	*/6–13	*	*	*
Lammfleisch	*/0	*/3–8	*	*	0
Kalbfleisch	*/*	*/23	*	*	*
Rindfleisch	*/14	20/0–7	*	21	8–40
Schweinefleisch	*/0	*/0	*	*	*
Kaninchen	*/*	*/*	*	*	36
Herz (Rind)	*/*	*/*	*	*	28
Niere (Lamm, Rind, Schwein)	*/*	13/*	*	*	23–34
Leber (Lamm, Kalb, Rind, Huhn)	*/* */*	15–17/*	*	*	11
Bries (Lamm)	*/*	36/*	*	*	*
Würstchen	*/0	0/*	*	*	*
Nudeln	*/*	*/*	*	1–2	*
Reis	*/*	*/*	*	0	*
Kohl	*/*	*/*	*	0	*
Rüben	*/*	*/*	*	3–16	*
Wurzelgemüse	*/*	*/*	*	4–10	*
Kartoffeln	0/*	*/10	*	10	*
Batate	*/*	*/*	*	0	*

b = Pochieren * = es liegen keine Daten vor

LEBENSMITTEL (verzehrbarer Anteil)	Verluste in % der Trockensubstanz				
	Backen/ Grillen	Braten/ Rösten	Dünsten	Kochen	Schmoren
Beerenobst	*/*	*/*	0–9	*	*
Kernobst	0/*	*/*	0	*	*
Steinobst	*/*	*/*	0–13	*	*
Backpflaumen	*/*	*/*	20	*	*
Rhabarber	*/*	*/*	3	*	*

Durch Kochen entstehen außerdem folgende Verluste an Phosphor: Blumenkohl 5,5, Broccoli 2, Erbsen roh 11, Erbsen gefroren 0, Erbsen getrocknet 0, Kohlrabi 17, Lauch 1, Pastinake 52, Pilze 71, Zwiebeln 0, Zuckermais 8 g je 100 g TS.
Durch Braten entsteht bei Zwiebeln ein Phosphorverlust von 75 g je 100 g TS.

* = es liegen keine Daten vor

Magnesium (Mg)

Magnesium ist beteiligt am Aufbau von Knochen und Sehnen. Es ist auch ein Aktivator und Bestandteil verschiedener Enzyme des Kohlenhydrat- und Proteinstoffwechsels und spielt eine Rolle bei der Muskel- und Nervenreizbarkeit.
Die Magnesiumresorption wird gehemmt durch eine hohe Aufnahme an Calcium, Phosphor, Fett, Protein und Alkohol sowie einen Mangel an Vitamin B_1 und Vitamin B_6. Sie wird gesteigert durch Vitamin D und das Hormon der Nebenschilddrüse. Der genaue Bedarf an Magnesium ist unbekannt. Die wünschenswerte tägliche Zufuhr für Erwachsene beträgt 350 mg (= 32 mg/MJ) für Männer und 300 mg (= 33 mg/MJ) für Frauen. Während der Schwangerschaft und Laktation ist der Bedarf erhöht.
Magnesiummangel führt zu Körpergewichtsabnahme, Muskelzuckungen (Tremor), Rhythmusstörungen, Krämpfen und Delirium.

Besonders reiche Magnesiumquellen

Als besonders magnesiumreich wurden solche Lebensmittel bezeichnet, durch die mit einer üblichen Portion mindestens 10% der von der DGE empfohlenen Magnesiumzufuhr erreicht werden (orientiert an der Empfehlung für männliche Erwachsene).
Die DGE (1985) empfiehlt pro Tag für männliche Erwachsene 350 mg und für weibliche Erwachsene 300 mg Magnesium.

LEBENSMITTEL (verzehrbarer Anteil)	Portion in g	mg je Portion	Empfohlene Zufuhr %	
			männl.	weibl.
SEEFISCHE				
Steinbutt	100	45	13	15
Seezunge	100	49	14	16

Magnesium (Mg)

LEBENSMITTEL (verzehrbarer Anteil)	Portion in g	mg je Portion	Empfohlene Zufuhr % männl.	Empfohlene Zufuhr % weibl.
Flunder; Sardine; Schellfisch	150	36	10	12
Kabeljau	150	37,5	11	12,5
Katfisch	150	40,5	12	13,5
Heilbutt; Makrele	150	42	12	14
Rotbarsch	150	43,5	12	14,5
Hering	150	46,5	13	15,5
Steinbutt	150	67,5	19	22,5
Seezunge	150	73,5	21	24,5
SÜSSWASSERFISCHE				
Hecht	150	37,5	11	12,5
Forelle	150	40,5	12	13,5
Lachs	150	43,5	12	14,5
Felchen (Renke); Karpfen	150	45	13	15
GEFLÜGEL				
Truthahn, ausgewachsene Tiere	150	40,5	12	13,5
Truthahn, Jungtiere	150	42	12	14
Huhn (Brathuhn)	150	55,5	16	18,5
RINDFLEISCH				
Hackfleisch, 14% Fett	150	49,5	14	16,5
SCHWEINEFLEISCH				
Muskelfleisch, ohne Fett	150	40,5	12	13,5
WILD UND SONSTIGE FLEISCHARTEN				
Hirsch; Kaninchen	150	43,5	12	14,5
GETREIDE				
Weizenkeime	15	49	14	16
Reis, poliert	60	38	11	13
Roggenmehl, Type 1150	60	40	11	13
Hafergrütze	60	43	12	14
Grünkernmehl	60	48	14	16
Roggenvollkornmehl	60	50	14	17
Buchweizen, Korn, geschält	60	51	15	17
Maisvollmehl	60	60	17	20
Gerste, Korn, entspelzt	60	68	19	23
Mais, Korn	60	72	21	24
Roggen, Korn	60	72	21	24
Roggenflocken	60	72	21	24
Gerstengraupen	60	75	21	25
Hafer, Korn, entspelzt	60	77	22	26
Grünkern, Korn	60	78	22	26
Haferflocken (Vollkorn)	60	83	24	28

LEBENSMITTEL (verzehrbarer Anteil)	Portion in g	mg je Portion	Empfohlene Zufuhr % männl.	Empfohlene Zufuhr % weibl.
Haferflocken (Instant)	60	84	24	28
Weizenvollkornmehl	60	84	24	28
Weizen, Korn	60	88	25	29
Gerstenvollkornmehl	60	93	27	31
Naturreis	60	94	27	31
Hirse, Korn, entspelzt	60	102	29	34
BROTE				
Roggenbrot	175[a]	61	17	20
Roggenmischbrot	175[a]	70	20	23
Simonsbrot	175[a]	84	24	28
Roggenschrot- und Vollkornbrot	175[a]	122,5	35	41
Pumpernickel	175[a]	124	35	41
Weizenmischbrot	175[a]	131	37	44
Weizenschrot- und Vollkornbrot	175[a]	161	46	54
Steinmetzbrot	175[a]	213	61	71
HÜLSENFRÜCHTE				
Linsen	75	58	17	19
Kichererbsen	75	81	23	27
Erbsen, gelb, geschält	75	87	25	29
Bohnen, weiß	75	97,5	28	32
Limabohnen	75	151	43	50
Sojabohnen	75	187,5	54	62
GEMÜSE				
Löwenzahnblätter, roh	100	36	10	12
Sauerampfer, roh	100	41	12	14
Zuckermais, roh	100	43	12	14
Spinat, tiefgefroren	100	46	13	15
Spinat, roh	100	58	16	19
Portulak, roh	100	151	43	50
Bohnen, grün, in Dosen; Erbsen, grün, in Dosen; Porree (Lauch), roh; Spargel, roh; Tomaten, roh; Topinambur, roh	200	40	11	13
Weißkohl, roh	200	40	11	13
Pastinake und Rosenkohl, roh	200	44	13	15
Schwarzwurzel, roh	200	46	13	15
Broccoli, roh	200	48	14	16
Rote Rübe, roh; Batate (Süßkartoffel), roh	200	50	14	17
Artischocke und Bohnen, grün, roh	200	52	15	17
Erbsen, grün, roh	200	60	17	20

a = Brotportion für 1. und 2. Frühstück bzw. Abendessen

LEBENSMITTEL (verzehrbarer Anteil)	Portion in g	mg je Portion	Empfohlene Zufuhr %	
			männl.	weibl.
Kohlrabi, roh	200	64	18	21
Grünkohl, roh	200	68	19	23
Zuckermais, roh	200	86	25	29
Spinat, tiefgefroren	200	92	26	31
Spinat, roh	200	116	33	39
Kartoffeln, roh	250	62,5	18	21
OBST				
Banane, roh	100	36	10	12
Passionsfrucht, roh, ohne Schale	100	39	11	13
Papaya, roh	100	40	11	13
Feige, roh; Melone, grün, rund, roh	200	40	11	13
Kirschen, im Glas	200	42	12	14
Kiwi, roh	200	48	14	16
Loganbeere, roh	200	50	14	17
Brombeeren, roh	200	60	17	20
Himbeeren, roh und tiefgefroren	200	60	17	20
Sanddornbeeren, roh	200	60	17	20
Banane, roh	200	72	21	24
Passionsfrucht, roh, ohne Schale	200	78	22	26
Papaya, roh	200	80	23	27

Magnesiumverluste bei verschiedenen Zubereitungsarten

LEBENSMITTEL (verzehrbarer Anteil)	Verluste in % der Trockensubstanz				
	Backen/ Grillen	Braten/ Rösten	Dünsten	Kochen	Schmoren
Eier	*/*	21/*	10[a]	0	*
Fettfisch	*/0	0/*	*	*	21
Weißfisch	26/*	32-38/*	9	*	*
Muscheln	*/*	*/*	*	18	*
Huhn	*/*	*/2-79	*	29-34	*
Ente	*/*	*/0	*	*	*
Truthahn	*/*	*/0-18	*	*	*
Lammfleisch	*/0	*/0-9	*	*	7
Kalbfleisch	*/*	*/38	*	*	*
Rindfleisch	*/0	9/0-3	*	17	0-39
Schweinefleisch	*/0	*/0	*	*	*
Kaninchen	*/*	*/*	*	*	38

a = Pochieren   * = es liegen keine Daten vor

LEBENSMITTEL (verzehrbarer Anteil)	Verluste in % der Trockensubstanz				
	Backen/ Grillen	Braten/ Rösten	Dünsten	Kochen	Schmoren
Herz (Rind)	*/*	*/*	*	*	29
Niere (Lamm, Rind, Schwein)	*/*	0/*	*	*	31-35
Leber (Lamm, Kalb, Rind, Huhn)	*/*	9-17/*	*	*	17
Bries (Lamm)	*/*	34/*	*	*	*
Würstchen	*/*	0/*	*	*	*
Nudeln	*/*	*/*	*	0-2	*
Reis	*/*	*/*	*	13	*
Kohl	*/*	*/*	*	6-21	*
Rüben	*/*	*/*	*	16-35	*
Wurzelgemüse	*/*	*/*	*	0-40	*
Kartoffeln	0/*	*/9	*	22	*
Batate	*/*	*/*	*	0	*
Beerenobst	*/*	*/*	0-10	*	*
Kernobst	5/*	*/*	0-12,5	*	*
Steinobst	*/*	*/*	0-18,5	*	*
Backpflaumen	*/*	*/*	23	*	*
Rhabarber	*/*	*/*	0	*	*

Durch Kochen entstehen außerdem folgende Verluste an Magnesium: Blumenkohl 24, Broccoli 27, Erbsen roh 25, Erbsen gefroren 8, Erbsen getrocknet 25, Kohlrabi 0, Lauch 0, Pastinake 39, Pilze 71, Zwiebeln 0, Zuckermais 2 g je 100 g TS.
Durch Braten entsteht bei Zwiebeln ein Magnesiumverlust von 77 g je 100 g TS.

* = es liegen keine Daten vor

Eisen (Fe)

Im menschlichen Körper sind 4 bis 5 g Eisen enthalten. Bis zu 70% davon liegen im Blutfarbstoff (Hämoglobin) vor. Eisen ist somit am Transport von Sauerstoff beteiligt. Eisen wird auch für die Synthese verschiedener Verbindungen benötigt, die an vielen lebenswichtigen Körperfunktionen beteiligt sind, wie zum Beispiel Cytochrom (Bestandteil der Atmungskette), Katalase (ein Enzym zum Abbau im Körper entstandenen Wasserstoffperoxids), Ferritin (ein Transportprotein) und andere. Die Resorption von Eisen erfolgt im Dünndarm und zum Teil im Magen. Die Resorptionsrate beträgt im Schnitt 10%, wobei aus pflanzlichen Lebensmitteln, etwa Weizen und Gemüse, weniger (unter 10%) als aus Fleisch (30%) resorbiert wird. Die Aus-

Eisen (Fe)

scheidung beträgt 1 bis 1,5 mg/Tag. Bei Blutungen erleidet der Körper große Verluste an Eisen.
Der Bedarf des Erwachsenen an Eisen beträgt 1 mg. Er ist bei menstruierenden Frauen höher als bei Männern, und während der Schwangerschaft und der Stillzeit ist der Bedarf gesteigert.
Der Eisenmangel äußert sich in Form einer Anämie (hypochrome mikrozytäre Anämie). Besonders gefährdet sind Säuglinge, Kinder und Jugendliche sowie Frauen in der Menstruationszeit. Auch Depigmentierung der Haut und Haare wurde beobachtet.

M

Besonders reiche Eisenquellen

Als besonders eisenreich wurden solche Lebensmittel bezeichnet, durch die mit einer üblichen Portion mindestens 15% der von der DGE empfohlenen Eisenzufuhr erreicht werden (orientiert an der DGE-Empfehlung für weibliche Erwachsene).
Die DGE (1985) empfiehlt pro Tag für männliche Erwachsene 12 mg und für weibliche Erwachsene 18 mg Eisen (13 mg für nichtmenstruierende Frauen).

LEBENSMITTEL (verzehrbarer Anteil)	Portion in g	mg je Portion	Empfohlene Zufuhr %	
			männl.	weibl.
GEFLÜGEL				
Huhn, Brathuhn, Leber	100	7,4	62	41
Huhn, Brathuhn, Keule	150	2,7	22,5	15
Gans	150	2,85	24	16
Truthahn, ausgew. Tiere, Keule	150	3,0	25	17
Ente	150	3,15	26	17,5
Truthahn, Jungtiere	150	4,65	39	26
HAMMEL- UND LAMMFLEISCH				
Keule	100	2,7	22,5	15
Herz	100	6,1	51	34
Leber	100	12,4	103	69
Muskelfleisch, ohne Fett; Filet	150	2,7	23	15
Lende; Schnitzel	150	3,0	22,5	17
Kotelett	150	3,3	28	18
Brust	150	3,5	29	19
Keule	150	4,0	33	22
KALBFLEISCH				
Brust; Haxe; Schnitzel	100	3,0	25	17
Herz	100	3,7	31	21
Lunge	100	5,0	42	28
Leber	100	7,9	66	44
Niere	100	11,5	96	64
Kotelett	150	3,15	26	17,5
Keule	150	3,45	29	19

LEBENSMITTEL (verzehrbarer Anteil)	Portion in g	mg je Portion	Empfohlene Zufuhr %	
			männl.	weibl.
Brust; Haxe; Schnitzel	150	4,5	37,5	25
RINDFLEISCH				
Zunge	100	3,0	25	17
Kamm	100	3,2	27	18
Herz	100	5,1	42,5	28
Leber	100	6,5	54	36
Lunge	100	7,5	62,5	42
Niere	100	9,5	79	53
Hochrippe	150	3,15	26	17,5
Hackfleisch, 14% Fett	150	3,6	30	20
Lende	150	3,75	31	21
Keule	150	3,9	32,5	22
Muskelfleisch, ohne Fett	150	4,5	37,5	25
Kamm	150	4,8	40	27
SCHWEINEFLEISCH				
Filet	100	3,0	25	17
Zunge	100	3,3	27,5	18
Hirn	100	3,6	30	20
Herz	100	4,3	36	24
Lunge	100	5,0	42	28
Niere	100	10,0	83	56
Leber	100	22,1	184	123
Bug; Kotelett	150	2,7	22,5	15
Kamm	150	3,3	27,5	18
Schnitzel	150	3,45	29	19
Kasseler	150	3,75	31	21
Filet	150	4,5	37,5	25
WILD UND SONSTIGE FLEISCHARTEN				
Reh, Keule und Rücken	100	3,0	25	17
Kaninchen	100	3,5	29	19
Pferd	100	4,7	39	26
Ziege	150	3,0	25	17
Hase	150	3,6	30	20
Reh, Keule und Rücken	150	4,5	37,5	25
Kaninchen	150	5,25	44	29
Pferd	150	7,05	59	39
GETREIDE				
Roggen, Korn	60	2,8	23	16
Haferflocken, Vollkorn	60	3,1	26	17
Hafer, Korn	60	3,5	29	19

LEBENSMITTEL (verzehrbarer Anteil)	Portion in g	mg je Portion	Empfohlene Zufuhr %	
			männl.	weibl.
Hirse, Korn, entspelzt	60	5,4	45	30
BROTE				
Weizenmischbrot	175[a]	3,0	25	17
Weizenschrot- und Vollkornbrot	175[a]	3,5	29	19
Weizentoastbrot	175[a]	3,85	32	21
Roggenmischbrot	175[a]	4,0	33	22
Pumpernickel	175[a]	4,2	35	23
Roggenschrot- und Vollkornbrot	175[a]	5,25	44	29
Simonsbrot; Steinmetzbrot	175[a]	5,25	44	29
HÜLSENFRÜCHTE				
Erbsen, gelb, geschält	75	3,9	32,5	22
Bohnen, weiß	75	4,6	38	26
Kichererbsen	75	4,9	41	27
Linsen	75	5,2	43	29
Sojabohnen	75	6,45	54	36
GEMÜSE				
Fenchelkraut, roh; Mangold, roh	100	2,7	22,5	15
Löwenzahnblätter, roh;				
Brunnenkresse, roh	100	3,1	26	17
Schwarzwurzel, roh	100	3,3	27,5	18
Batate (Süßkartoffel), roh	100	3,5	29	19
Portulak, roh	100	3,6	30	20
Topinambur, roh	100	3,7	31	21
Spinat, roh	100	4,1	34	23
Artischocke, roh; Erbsen in Dosen;				
Rosenkohl, roh; Zucchini, roh	200	3,0	25	17
Erbsen, grün, roh	200	3,8	32	21
Spinat, tiefgefroren	200	4,2	35	23
Schwarzwurzel, roh	200	6,6	55	37
Batate (Süßkartoffel), roh	200	7,0	58	39
Portulak, roh	200	7,2	60	40
Topinambur, roh	200	7,4	62	41
Spinat, roh	200	8,2	68	46
PILZE				
Trüffeln	100	3,5	29	19
Pfifferlinge	100	6,5	54	36
OBST				
Preiselbeeren, in Dosen, gesüßt	100	2,7	22,5	15
Loganbeeren, roh und in Dosen	200	2,8	23	16
Heidelbeeren, in Dosen, gesüßt	200	3,0	25	17

a = Brotportion für 1. und 2. Frühstück bzw. Abendessen

LEBENSMITTEL (verzehrbarer Anteil)	Portion in g	mg je Portion	Empfohlene Zufuhr %	
			männl.	weibl.
Preiselbeeren, in Dosen, ungesüßt	200	3,0	25	17
Maulbeeren, roh	200	3,2	27	18
Himbeeren, in Dosen, gesüßt	200	3,6	30	20
Himbeersaft, frisch	200	5,2	43	29

M

Eisenverluste bei verschiedenen Zubereitungsarten

LEBENSMITTEL (verzehrbarer Anteil)	Verluste in % der Trockensubstanz				
	Backen/ Grillen	Braten/ Rösten	Dünsten	Kochen	Schmoren
Eier	*/*	14/*	0[a]	0	*
Fettfisch	*/0	0/*	*	*	4
Weißfisch	14/*	0/*	24	*	*
Muscheln	*/*	*/*	*	0	*
Huhn	*/*	*/0–20	*	0–15	*
Ente	*/*	*/0	*	*	*
Truthahn	*/*	*/10–20	*	*	*
Lammfleisch	*/0	*/0	*	*	0
Kalbfleisch	*/*	*/25	*	*	*
Rindfleisch	*/0	0/0	*	0	0–4
Schweinefleisch	*/0	*/0	*	*	*
Kaninchen	*/*	*/*	*	*	0
Herz (Rind)	*/*	*/*	*	*	3
Niere (Lamm, Rind, Schwein)	*/*	0/*	*	*	12–19
Leber (Lamm, Kalb, Rind, Huhn)	*/*	16–40/*	*	*	6
Bries (Lamm)	*/*	35/*	*	*	*
Würstchen	*/0	0/*	*	*	*
Nudeln	*/*	*/*	*	0	*
Reis	*/*	*/*	*	0	*
Kohl	*/*	*/*	*	0	*
Rüben	*/*	*/*	*	23–26	*
Wurzelgemüse	*/*	*/*	*	0–20	*
Kartoffeln	0/*	*/5	*	29	*
Batate	*/*	*/*	*	9	*
Beerenobst	*/*	*/*	0–7	*	*
Kernobst	5/*	*/*	0	*	*

a = Pochieren   * = es liegen keine Daten vor

LEBENSMITTEL (verzehrbarer Anteil)	Verluste in % der Trockensubstanz				
	Backen/ Grillen	Braten/ Rösten	Dünsten	Kochen	Schmoren
Steinobst	*/*	*/*	0–17	*	*
Backpflaumen	*/*	*/*	21	*	*
Rhabarber	*/*	*/*	0	*	*

M

Durch Kochen entstehen außerdem folgende Verluste an Eisen: Blumenkohl 0, Broccoli 27, Erbsen roh 32, Erbsen gefroren 0, Erbsen getrocknet 13, Kohlrabi 0, Lauch 0, Pastinake 12, Pilze 69, Zwiebeln 0, Zuckermais 19 g je 100 g TS.
Durch Braten entsteht bei Zwiebeln ein Eisenverlust von 76 g je 100 g TS.

* = es liegen keine Daten vor

Jod (J)

Jod wird für die Bildung und Aktivierung der Vorstufen des Schilddrüsenhormons Tyroxin benötigt. Etwa ein Drittel des Körperbestandes an Jod (im Körper des Erwachsenen befinden sich 30 mg Jod), kommen in der Schilddrüse vor. Der Rest ist verteilt auf verschiedene Organe (Muskeln, Galle, Speicheldrüsen, Hypophyse), jedoch in geringen Konzentrationen.
Jod wird im Darm fast vollständig resorbiert.
Der Bedarf des Erwachsenen an Jod wird auf 0,1 bis 0,2 mg/Tag geschätzt. Die wünschenswerte Zufuhr beträgt daher 180 µg Jod pro Tag.
Jodmangel führt zur Veränderung der Struktur und Funktion der Schilddrüse (Kropf).
Einige Medikamente können die Aufnahme von Jod in die Schilddrüse hemmen. Sie können trotz ausreichenden Jod-Angebots mit der Nahrung zu Jodmangel führen. Auch in der Nahrung, zum Beispiel in Kohl und Rüben, natürlich vorkommende Stoffe (Goitrogene) können durch Hemmung der Schilddrüsenfunktion die Kropfbildung begünstigen.

Besonders reiche Jodquellen

Als besonders jodreich wurden solche Lebensmittel bezeichnet, durch die mit einer üblichen Portion mindestens 10% der von der DGE empfohlenen Jodzufuhr erreicht werden. Die DGE (1985) empfiehlt pro Tag für männliche und weibliche Erwachsene 200 µg Jod.

LEBENSMITTEL (verzehrbarer Anteil)	Portion in g	µg je Portion	Empfohlene Zufuhr %	
			männl.	weibl.
MILCH				
Trinkmilch, 1,5 und 3,5%; Rohmilch	200	22	11	11
FETTE UND ÖLE				
Lebertran	5	42	21	21
Lebertran	10	84	42	42
FISCH				
Bückling	45	24	12	12
Brathering	45	58,5	29	29
Flunder	100	29	14,5	14,5
Sardine	100	32	16	16
Lachs	100	34	17	17
Ostseehering; Thunfisch	100	50	25	25
Heilbutt; Hering	100	52	26	26
Makrele	100	74	37	37
Rotbarsch	100	99	49,5	49,5
Kabeljau; Steckmuschel	100	120	60	60
Garnele; Miesmuschel	100	130	65	65
Scholle	100	190	95	95
Seelachs (Köhler)	100	200	100	100
Schellfisch	100	243	121,5	121,5
Seezunge	150	25,5	13	13
Flunder	150	43,5	22	22
Sardine	150	48	24	24
Lachs	150	51	25,5	25,5
Ostseehering; Thunfisch	150	75	37,5	37,5
Heilbutt; Hering	150	78	39	39
Makrele	150	111	55,5	55,5
Rotbarsch	150	148,5	74	74
Kabeljau; Steckmuschel	150	180	90	90
Garnele; Miesmuschel	150	195	97,5	97,5
Scholle	150	285	142,5	142,5
Seelachs (Köhler)	150	300	150	150
Schellfisch	150	364,5	182	182
RINDFLEISCH				
Herz	100	30	15	15
GEMÜSE UND PILZE				
Feldsalat	100	bis 62	bis 31	bis 31
Grünkohl und Spinat, roh	200	24	12	12
Broccoli und Möhren, roh	200	30	15	15
Champignons (Zucht-)	200	36	18	18
OBST				
Ananas, roh	200	bis 20	bis 10	bis 10

Fluor (F)

Fluor erhöht die Stabilität von Knochen und Zähnen. Es steigert die Festigkeit der Zahnsubstanz. Ferner dient der Einsatz von Fluor als Kariesprophylaxe, da es die Mundbakterien, die die Zuckerreste fermentieren und Plaque bilden, hemmt. Im Tierversuch wurde festgestellt, daß Fluor die Wundheilung begünstigt; durch verbesserte Eisenresorption aus dem Darm bewirkt Fluor einen Schutz gegen Schwangerschaftsanämie. Fluor wird daher in vielen Ländern in zunehmendem Maße dem Trinkwasser zugesetzt (1 mg/l).
Die Fluorresorption erfolgt schnell. Bei der gemischten Kost (unter normalen Ernährungsbedingungen) beträgt die Resorptionsrate etwa 80% der Aufnahme. Große Mengen an Magnesium, Calcium und Aluminium in der Nahrung bilden mit Fluor Komplexe und verringern somit seine Resorption. Die Ausscheidung von Fluor erfolgt über die Niere.
Fluordosen über 5 mg/kg Nahrung oder l Trinkwasser führen zu Zahnschmelzverfärbungen, die zunächst lediglich das Aussehen der Zähne beeinträchtigen. Höhere Dosen, über 10 mg/kg oder l wirken negativ auf die Struktur von Zähnen und Knochen und können zu Knochendeformation führen.
Sehr hohe Fluorgaben (bis zu 50 mg/kg Nahrung oder l Trinkwasser) verschlechtern die Jodversorgung und beeinträchtigen somit die Schilddrüsenfunktion. Auch mit Magnesium bildet Fluor für den Körper nicht verwertbare Komplexe, wodurch Störungen beim Knochenaufbau (Knochenmineralisierung) auftreten können. Große Fluormengen (bis zu 2 g) verursachen Übelkeit und Erbrechen; 5 bis 10 g Fluorgaben sind tödlich.

Besonders reiche Fluorquellen

Als besonders fluorreich wurden solche Lebensmittel bezeichnet, durch die mit einer üblichen Portion mindestens 10% der von der DGE empfohlenen Fluorzufuhr erreicht werden. Die DGE (1985) empfiehlt pro Tag für männliche und weibliche Erwachsene 1,0 mg Fluor.

LEBENSMITTEL (verzehrbarer Anteil)	Portion in g	mg je Portion	Empfohlene Zufuhr %	
			männl.	weibl.
SEEFISCHE				
Rotbarsch (Goldbarsch)	100	0,14	14	14
Schellfisch	100	0,16	16	16
Flunder; Kabeljau; Ostseehering	100	0,20	20	20
Hering; Makrele	100	0,35	35	35
Kabeljau, Kabeljaufilet	150	0,105	10,5	10,5
Rotbarsch (Goldbarsch)	150	0,21	21	21
Schellfisch	150	0,24	24	24
Flunder; Kabeljau; Ostseehering	150	0,30	30	30
Hering; Makrele	150	0,525	52,5	52,5
SÜSSWASSERFISCHE				
Aal, Flußaal	100	0,16	16	16
Lachs	100	0,58	58	58
Aal, Flußaal	150	0,24	24	24
Lachs	150	0,87	87	87
FISCHDAUERWAREN				
Bückling	45	0,16	16	16
Lachs, in Dosen	45	0,20	20	20
Stockfisch (Kabeljau getrocknet)	45	0,225	22,5	22,5
Heringsfilet, in Tomatensoße	45	0,96	96	96
GEFLÜGEL				
Huhn, Brust	100	0,14	14	14
Huhn, Leber	100	0,19	19	19
Huhn, Brust	150	0,21	21	21
KALBFLEISCH				
Niere	100	0,20	20	20
RINDFLEISCH				
Leber	100	0,13	13	13
Niere	100	0,20	20	20
SCHWEINEFLEISCH				
Frankfurter Würstchen	100	0,17	17	17
Bug	150	0,12	12	12
Frankfurter Würstchen	150	0,255	25,5	25,5
GETREIDE				
Buchweizen, Korn, geschält	60	0,10	10	10
Gerste, Graupen	60	0,14	14	14
BROTE				
Steinmetzbrot; Weizentoastbrot	175[a]	0,105	10,5	10,5
Pumpernickel; Roggen- und Weizenmischbrot	175[a]	0,12	12	12
Weißbrot	175[a]	0,14	14	14
Roggenschrot- und Vollkornbrot	175[a]	0,175	17,5	17,5
Simonsbrot	175	0,175	17,5	17,5
Weizenschrot- und Vollkornbrot	175	0,175	17,5	17,5
HÜLSENFRÜCHTE				
Sojabohnen	75	0,27	27	27
NÜSSE				
Walnuß	15	0,105	10,5	10,5

a = Brotportion 1. und 2. Frühstück bzw. Abendessen

M

LEBENSMITTEL (verzehrbarer Anteil)	Portion in g	mg je Portion	Empfohlene Zufuhr %	
			männl.	weibl.
GEMÜSE				
Radieschen, roh	100	0,10	10	10
Spinat, roh	100	0,10	10	10
Spargel, roh; in Dosen	200	0,10	10	10
Spinat, roh	200	0,20	20	20
Kartoffeln, roh	250	0,25	25	25
OBST				
Apfelsine, roh	200	0,10	10	10

Mangan (Mn)

Mangan ist ein essentieller Bestandteil einiger Enzyme des Stoffwechsels. Der Körperbestand an Mangan ist gering (10–20 mg). Die höchste Konzentration liegt in den Knochen, gefolgt von Leber und Pankreas. Mangan kommt in allen pflanzlichen und tierischen Geweben vor. Lebensmittel pflanzlichen Ursprungs (Nüsse, Vollgetreide, Hülsenfrüchte, Blattgemüse u. a.) stellen gute Manganquellen dar. Tierische Nahrungsmittel sind dagegen relativ manganarm.
Unter normalen Ernährungsbedingungen wurde Manganmangel beim Menschen nicht beobachtet.
Der Bedarf an Mangan ist durch die übliche durchschnittliche Aufnahme mit der Nahrung (3–5 mg/Tag) gedeckt.
Mangan zählt zu den am wenigsten toxischen Spurenelementen, negative Wirkungen infolge überhöhter Zufuhr mit der Nahrung sind bisher nicht bekannt.

Besonders reiche Manganquellen

Als besonders manganreich wurden solche Lebensmittel bezeichnet, durch die mit einer üblichen Portion mindestens 10% der von der DGE empfohlenen Manganzufuhr erreicht werden.
Die DGE (1985) empfiehlt pro Tag für männliche und weibliche Erwachsene 3,5 mg Mangan.

LEBENSMITTEL (verzehrbarer Anteil)	Portion in g	µg je Portion	Empfohlene Zufuhr %	
			männl.	weibl.
FISCHE				
Austern	100	600	17	17
SCHWEINEFLEISCH				
Leber	100	360	10	10
GETREIDE				
Naturreis	60	660	19	19
Gerste, Korn	60	990	28	28
Hirse, geschält	60	1140	33	33
Reis, poliert	60	1200	34	34
Roggen, Korn	60	1440	41	41
Reis, parboiled	60	bis 1800	bis 51	bis 51
Weizen, Korn	60	2040	58	58
Hafer, Korn	60	2220	63	63
Haferflocken	60	2940	84	84
Weizenkeime	60	5580	159	159
BROTE				
Weizenbrot	175[a]	385	11	11
Brötchen	175[a]	455	13	13
Roggenbrot	175[a]	472,5	13,5	13,5
Weizenvollkornbrot	175[a]	735	21	21
HÜLSENFRÜCHTE				
Erbsen, gelb	75	975	28	28
Limabohnen	75	1462,5	42	42
Bohnen, weiß	75	1500	43	43
Sojabohnen	75	2100	60	60
GEMÜSE				
Kopfsalat, roh	100	350	10	10
Artischocke, roh; Bohnen, grün, roh	100	380	11	11
Pastinake, roh	100	400	11	11
Schwarzwurzel, roh	100	410	12	12
Grünkohl, roh	100	550	16	16
Erbse, Schote und Samen, roh	100	660	19	19
Spinat, roh	100	760	22	22
Aubergine und Porree, roh	200	380	11	11
Wirsingkohl und Zuckermais, roh	200	400	11	11
Möhren, roh	200	420	12	12
Broccoli, roh; Rosenkohl, roh	200	520	15	15
Rote Rübe (Bete), roh	100	1000	29	29
Spargel, roh	200	540	15	15
Artischocke, roh; Bohnen, grün, roh	200	760	22	22
Pastinake, roh	200	800	23	23
Schwarzwurzel, roh	200	820	23	23
Grünkohl, roh	200	1100	31	31
Erbsen, Schote und Samen, roh	200	1320	38	38
Spinat, roh	200	1520	43	43
Rote Rübe (Bete), roh	200	2000	57	57

a = Brotportion für 1. und 2. Frühstück bzw. Abendessen

LEBENSMITTEL (verzehrbarer Anteil)	Portion in g	µg je Portion	Empfohlene Zufuhr %	
			männl.	weibl.
OBST				
Banane, roh	100	530	15	15
Brombeeren, roh	100	590	17	17
Johannisbeeren, rot, roh	100	600	17	17
Johannisbeere, schwarz, roh	100	680	19	19
Ebereschenfrucht, roh	100	1600	46	46
Preiselbeeren, roh	100	bis 2700	bis 77	bis 77
Heidelbeeren, roh	100	bis 4800	bis 137	bis 137
Erdbeere, roh	200	400	11	11
Aprikose, roh	200	540	15	15
Banane, roh	200	1060	30	30
Brombeeren, roh	200	1180	34	34
Johannisbeeren, rot, roh	200	1200	34	34
Johannisbeeren, schwarz, roh	200	1360	39	39
Heidelbeeren, roh	200	bis 9600	bis 274	bis 274
VERSCHIEDENES				
Haselnuß	10	570	16	16
Schwarzer Tee	10	7340	210	210

Kupfer (Cu)

Kupfer ist ein essentielles Spurenelement.
Der größte Teil des Körperkupfers (ca. 100 mg) liegt in Proteinkomplexen gebunden vor. Diese Cu-Proteine sind meist Enzyme (Oxidasen) des abbauenden (katabolen) Stoffwechsels, einige von ihnen sind an der Beseitigung der im Körper gebildeten Oxidationsprodukte (freien Radikale) beteiligt. Kupfer spielt auch eine große Rolle im Bindegewebsstoffwechsel und beim Eisentransport.
Eine vielseitige Ernährung gewährleistet eine ausreichende Kupferversorgung. Mit der gemischten Kost werden täglich 2–5 mg Kupfer aufgenommen. Die wünschenswerte Zufuhr an Kupfer beträgt 2–4 mg/Tag. Die Kupferresorption ist begrenzt, sie ist höher, wenn Cu in kleineren Mengen aufgenommen wird. Große Kupferdosen wirken toxisch.
Beim Menschen kommen Störungen infolge Kupfermangels selten vor. In den wenigen bekannt gewordenen Fällen wurden Anämie und gestörte Bildung der roten Blutzellen beobachtet.
Im Kupfermangel ist der Gehalt kupferhaltiger Enzyme in Blutplasma und -zellen vermindert.

Besonders reiche Kupferquellen

Als besonders kupferreich wurden solche Lebensmittel bezeichnet, durch die mit einer üblichen Portion mindestens 10% der von der DGE empfohlenen Kupferzufuhr erreicht werden.
Die DGE (1985) empfiehlt pro Tag für männliche und weibliche Erwachsene 3 mg Kupfer.

LEBENSMITTEL (verzehrbarer Anteil)	Portion in g	µg je Portion	Empfohlene Zufuhr %	
			männl.	weibl.
KÄSE				
Edamer, 30% Fett i.Tr.	45	351	12	12
Emmentaler, 45% Fett i.Tr.	45	526,5	18	18
FISCHE				
Ostseehering	100	300	10	10
Hering	100	320	11	11
Scholle	100	bis 550	bis 18	bis 18
Hummer	100	700	23	23
Austern	100	2500	83	83
Heilbutt; Lachs	150	300	10	10
Kabeljau; Schellfisch	150	345	11,5	11,5
Garnele	150	360	12	12
Ostseehering	150	450	15	15
Hering	150	480	16	16
Scholle	150	bis 825	bis 27,5	bis 27,5
GEFLÜGEL				
Huhn, Brathuhn und Leber	100	300	10	10
Gans	100	330	11	11
Ente	100	450	15	15
Huhn, Brathuhn	150	450	15	15
Gans	150	495	16,5	16,5
Ente	150	675	22,5	22,5
HAMMEL- UND LAMMFLEISCH				
Herz	100	450	15	15
Leber	100	7640	255	255
KALBFLEISCH				
Herz	100	320	11	11
Leber	100	5500	183	183
Bauch; Bug; Hals; Keule; Kotelett	150	375	12,5	12,5
RINDFLEISCH				
Herz	100	410	14	14
Leber	100	3600	120	120
SCHWEINEFLEISCH				
Keule	100	310	10	10
Herz	100	410	14	14

Kupfer (Cu)/Zink (Zn)

LEBENSMITTEL (verzehrbarer Anteil)	Portion in g	µg je Portion	Empfohlene Zufuhr %	
			männl.	weibl.
Schweinefleisch, Hirn	100	540	18	18
Leber	100	5480	183	183
Keule	150	465	15,5	15,5
GETREIDE				
Roggen, Korn	60	500	17	17
Hafer, Flocken	60	530	18	18
Weizen, Korn	60	630	21	21
Hirse, geschält	60	850	28	28
BROTE				
Weizenbrot	175[a]	1050	35	35
Brötchen	175[a]	1557,5	52	52
Roggenbrot	175[a]	1610	54	54
Kommißbrot; Weizenvollkornbrot	175[a]	4025	134	134
GEMÜSE				
Schwarzwurzel, roh	100	300	10	10
Artischocke, roh	100	320	11	11
Erbse, Schote und Samen, roh	100	380	13	13
Spargel, roh	200	300	10	10
Batate, roh	200	320	11	11
Broccoli, roh	200	400	13	13
Rote Rübe (Bete), roh	200	380	13	13
Schwarzwurzel, roh	200	600	20	20
Artischocke, roh	200	640	21	21
Erbse, Schote und Samen, roh	200	760	25	25
Kartoffel, roh	250	375	12,5	12,5
HÜLSENFRÜCHTE				
Linsen	75	495	16,5	16,5
Erbsen, gelb	75	555	18,5	18,5
Limabohne	75	585	19,5	19,5
Bohnen, weiß	75	600	20	20
PILZE				
Champignon (Zucht-)	100	390	13	13
Pfifferling	100	650	22	22
Steinpilz	100	700	23	23
VERSCHIEDENES				
Kaffee, geröstet	10	300	10	10
Bierhefe	10	332	11	11
Cashew-Kerne	10	370	12	12
Kokosnuß	10	bis 700	bis 23	bis 23

a = Brotportion für 1. und 2. Frühstück bzw. Abendessen

Zink (Zn)

Seine Essentialität für den Körper liegt in seiner spezifischen Bedeutung als Bestandteil oder auch als Aktivator einer ganzen Reihe von Enzymen des Protein- und Kohlenhydratstoffwechsels begründet. Zink spielt ferner eine Rolle als Stabilisator der Zellmembranen und bei der Bildung der Speicherform von Insulin.
Zink ist weit verteilt in den Nahrungsmitteln. Die Zinkresorption ist begrenzt, jedoch aus tierischen Lebensmitteln besser als aus pflanzlichen. Sie hängt vom Versorgungszustand des Körpers ab (bei erhöhtem Bedarf günstiger) und wird durch die Nahrungszusammensetzung beeinflußt (durch die Aminosäuren Cystein und Histidin günstiger, durch Phytinsäure, Calcium und Kupfer schlechter).
Im Zinkmangel ist der Stoffwechsel von Protein, Fett und Kohlenhydraten gestört. Zinkmangel führt zu Wachstumsdepressionen (Zwergwuchs), verminderter Wundheilung und rückbildbarem Verlust des Geschmacks- und Geruchsempfindens. Eine lang anhaltende Zinkunterversorgung wird auch anhand eines verminderten Zinkgehalts in den Haaren festgestellt.
Die wünschenswerte Zinkzufuhr beträgt 15 mg/Tag, eine Menge, deren Aufnahme durch die übliche gemischte Kost problemlos erreicht wird.

Besonders reiche Zinkquellen

Als besonders zinkreich wurden solche Lebensmittel bezeichnet, durch die mit einer üblichen Portion mindestens 10% der von der DGE empfohlenen Zinkzufuhr erreicht werden.
Die DGE (1985) empfiehlt pro Tag für männliche und weibliche Erwachsene 15 mg Zink.

LEBENSMITTEL (verzehrbarer Anteil)	Portion in g	mg je Portion	Empfohlene Zufuhr %	
			männl.	weibl.
KÄSE				
Camembert, 30% Fett i.Tr.	45	1,5	10	10
Tilsiter, 45% Fett i.Tr.	45	1,6	11	11
Chester (Cheddar), 50% Fett i.Tr.	45	1,8	12	12
Gouda, 45% Fett i.Tr.	45	1,8	12	12
Emmentaler, 45% Fett i.Tr.	45	2,1	14	14
Edamer, 45% Fett i.Tr.	45	bis 4,05	bis 27	bis 27
Edamer, 30% Fett i.Tr.	45	bis 4,95	bis 33	bis 33
FISCHE				
Sprotte	100	1,5	10	10
Hummer	100	1,6	11	11
Garnele	100	2,3	15	15

LEBENSMITTEL (verzehrbarer Anteil)	Portion in g	mg je Portion	Empfohlene Zufuhr %	
			männl.	weibl.
Hecht	150	1,65	11	11
Felchen; Flußaal	150	1,8	12	12
Sprotte	150	3,0	20	20
Austern	100	bis 160	bis 1067	bis 1067
GEFLÜGEL				
Truthahn, Brust	100	1,8	12	12
Truthahn, ausgewachsene Tiere	100	2,0	13	13
Truthahn, Jungtiere	100	2,1	14	14
Truthahn, Keule	100	2,4	16	16
Ente	100	2,7	18	18
Huhn, Leber	100	3,2	21	21
Truthahn, Brust	150	2,7	18	18
Truthahn, ausgewachsene Tiere	150	3,0	20	20
Truthahn, Jungtiere	150	3,15	21	21
Truthahn, Keule	150	3,6	24	24
Ente	150	4,05	27	27
HAMMEL- UND LAMMFLEISCH				
Herz	100	2,1	14	14
Filet	100	2,3	15	15
Muskelfleisch, ohne Fett	100	2,9	19	19
Keule	100	3,7	25	25
Leber	100	4,35	29	29
Filet	150	3,45	23	23
Muskelfleisch, ohne Fett	150	4,35	29	29
Keule	150	5,55	37	37
KALBFLEISCH				
Niere	100	1,8	12	12
Kotelett	100	2,3	15	15
Muskelfleisch, ohne Fett	100	3,0	20	20
Leber	100	8,4	56	56
Kotelett	150	3,45	23	23
Muskelfleisch, ohne Fett	150	4,5	30	30
RINDFLEISCH				
Niere	100	1,9	13	13
Herz	100	2,0	13	13
Lende	100	2,5	17	17
Hochrippe	100	2,7	18	18
Keule	100	3,3	22	22

LEBENSMITTEL (verzehrbarer Anteil)	Portion in g	mg je Portion	Empfohlene Zufuhr %	
			männl.	weibl.
Muskelfleisch, ohne Fett	100	4,2	28	28
Leber	100	5,1	34	34
Filet	100	5,7	38	38
Lende	150	3,75	25	25
Hochrippe	150	4,05	27	27
Keule	150	4,95	33	33
Muskelfleisch, ohne Fett	150	6,3	42	42
Filet	150	8,55	57	57
SCHWEINEFLEISCH				
Hirn	100	1,6	11	11
Kotelett; Muskelfleisch; ohne Fett	100	1,9	13	13
Herz	100	2,2	15	15
Keule	100	2,6	17	17
Leber	100	5,9	39	39
Kotelett; Muskelfleisch, ohne Fett	150	2,85	19	19
Keule	150	3,9	26	26
GETREIDE				
Mais, Korn	60	1,5	10	10
Gerste, Korn	60	1,9	13	13
Weizen, Korn	60	2,5	17	17
Haferflocken	60	2,6	17	17
Hafer, Korn	60	2,7	18	18
Weizenkeime	60	7,2	48	48
BROTE				
Knäckebrot	50[a]	1,55	10	10
Roggenbrot	175[a]	1,5	10	10
Brötchen	175[a]	1,9	13	13
Weizenvollkornbrot	175[a]	3,7	25	25
Weizenmischbrot	175[a]	6,1	41	41
HÜLSENFRÜCHTE				
Bohnen, weiß	75	2,1	14	14
Limabohne	75	2,3	15	15
Erbsen, gelb	75	2,85	19	19
Linsen	75	3,75	25	25
GEMÜSE				
Pastinake, roh	200	1,7	11	11
Rosenkohl, roh	200	1,7	11	11
Broccoli, roh	200	1,9	13	13

a = Brotportion für 1. und 2. Frühstück bzw. Abendessen

Mineralstoff-Verluste in Lebensmitteln
durch verschiedene Zubereitungs- und Verarbeitungsmethoden

LEBENSMITTEL	Gesamtasche-gehalt der[a] Rohware je 100 g TS	Art der Zubereitung und Verarbeitung	Dauer der Zubereitung in Minuten	Verlust an Gesamtasche[a] in % des Gehalts der Rohware
HAMMELFLEISCH				
Kotelett/Schulter/Keule	1,7 g/1,9 g/2,5 g	gekocht	*	0
KALBFLEISCH				
Kotelett/Schulter	3,3 g/2,5 g	gekocht	*	0
Braten	2,5 g	gekocht	*	32
Leber	4,9 g	gebraten	19	4
Leber	4,9 g	geschmort	11	0
RINDFLEISCH				
Kamm	2,6 g	gekocht	*	45
Flanke	2,3 g	gekocht	*	46
Keule	3,2 g	gekocht	*	2
Lende	2,4 g	gekocht	*	0
Rostbraten	2,0 g	gekocht	*	0
Rumpsteak	1,8 g	gekocht	*	48
Leber	5,1 g	gebraten	13	0
Leber	5,1 g	geschmort	15	0
SCHWEINEFLEISCH				
Keule	1,7 g	gekocht	*	0
Kotelett, Lende	2,1 g	gekocht	*	0
Schinken, geräuchert	9,3 g	gekocht	*	0
Leber	5,1 g	gebraten	16	0
Leber	5,1 g	geschmort	12	0
HÜLSENFRÜCHTE				
Limabohnen, getrocknet	4,9 g	nach Einweichen (16 Stunden) mit Wasser bedeckt, zugedeckt gekocht	82	2,5
Erbsen, getrocknet	3,1 g	nach Einweichen (16 Stunden) mit Wasser bedeckt, zugedeckt gekocht	70	24
GEMÜSE				
Schnittbohne	4,9 g	2–3 cm lange Stücke in Wasser (450 ml/500 g Bohnen) gekocht	25	22
Schnittbohne	4,9 g	2–3 cm lange Stücke in Wasser (450 ml/500 g Bohnen) gekocht	120	28
Wachsbohne	7,2 g	2–3 cm lange Stücke in Wasser (400 ml/500 g Bohnen) gekocht	30	15
Weißkohl, Außenblätter	8,6–9,3 g	2–3 cm Streifen in Wasser (1 l/500 g Kohl) gekocht, ohne Deckel	10–60	38–51
Weißkohl, innere Blätter	8,3 g	2–3 cm Streifen in Wasser (1 l/500 g Kohl) gekocht, ohne Deckel	10–60	45
Maiskörner, frisch	2,8 g	in Wasser (45 ml/100 g Mais) zugedeckt gekocht	10	20
Maiskörner, frisch	2,8 g	in Wasser (90 ml/100 g Mais) zugedeckt gekocht	30	33
Paprika, grün	6,1 g	ganze Schote nach Vorkochen (5 Minuten) gebacken	40	11
Paprika, grün	6,1 g	gedrittelt gebacken	60	4
Paprika, grün	6,1 g	gedrittelt nach Vorkochen (5 Minuten) gebacken	40	23
Tomaten	10,2 g	gekocht oder in Dosen	*	0
Karotten, ungeschält; ganze Wurzeln	7,3 g	ganze Wurzeln in Wasser (300 ml/500 g Karotten) zugedeckt gekocht	40	6

a = Gesamtaschegehalt = Gesamtmineralstoffgehalt * = es liegen keine Daten vor

LEBENSMITTEL	Gesamtasche-gehalt der Rohware je 100 g TS	Art der Zubereitung und Verarbeitung	Dauer der Zubereitung in Minuten	Verlust an Gesamtasche[a] in % des Gehalts der Rohware
Karotten, ungeschält; ganze Wurzeln	7,3 g	ganze Wurzeln in Wasser (300 ml/500 g Karotten) zugedeckt unter Zugabe von 4 g Kochsalz gekocht	40	39
Karotten, geschält; ganze Wurzeln	6,8 g	ganze Wurzeln in Wasser (300 ml/500 g Karotten) zugedeckt gekocht	40	4
Karotten, geschält; ganze Wurzeln	6,8 g	ganze Wurzeln in Wasser (300 ml/500 g Karotten) zugedeckt unter Zugabe von 4 g Kochsalz gekocht	40	22
Karotten, geschält; geviertelt	7,5 g	Viertel in Wasser (220 ml/500 g Karotten) zugedeckt gekocht	30	11
Karotten, geschält, geviertelt	7,5 g	Viertel in Wasser(440 ml/500 g Karotten) zugedeckt gekocht	30	20
Karotten, geschält, geviertelt	7,5 g	Viertel in Wasser (440 ml/500 g Karotten) zugedeckt unter Zugabe von 3 g Kochsalz gekocht	30	25
Karotten, geschält, geviertelt	7,5 g	Viertel gedünstet	30	12
Karotten, geschält, quergeschnitten	7,4 g	Scheiben in Wasser (200 ml/500 g Karotten) zugedeckt gekocht	18	13
Karotten, geschält, quergeschnitten	7,4 g	Scheiben in Wasser (200 ml/500 g Karotten) zugedeckt unter Zugabe von 2,5 g Kochsalz gekocht	18	20
Karotten, geschält, quergeschnitten	7,4 g	Scheiben im Dampfdrucktopf gegart	4	5
Erbsen, frisch	3,6 g	in Wasser (220 ml/500 g Erbsen) zugedeckt gekocht	18	12
Erbsen, frisch	3,6 g	in Wasser (220 ml/500 g Erbsen) zugedeckt unter Zugabe von 3 g Kochsalz gekocht	18	15
Erbsen, frisch	3,6 g	in Wasser (220 ml/500 g Erbsen) zugedeckt unter Zugabe von 0,44 g Natrium-bicarbonat (Backpulver) gekocht	8	25
Erbsen, gefroren (Handelsware)	4,2 g	nach dem Auftauen in Wasser (128 ml/500 g Erbsen, einschließlich Auftau-flüssigkeit) zugedeckt gekocht	7	5
Bataten	1,9 g	in Wasser (100 ml/100 g Bataten) gekocht, ohne Deckel	46	0
Kartoffeln, ungeschält	4,7 g	ganze Knollen in Wasser (550 ml/500 g Kartoffeln) zugedeckt gekocht	40	2
Kartoffeln, geschält	4,7 g	ganze Knollen in Wasser (550 ml/500 g Kartoffeln) zugedeckt gekocht	40	16
Kartoffeln, geschält, geviertelt	5,5 g	Viertel in Wasser (330 ml/500 g Kartoffeln) zugedeckt gekocht	23	22
Kartoffeln, geschält, geviertelt	5,5 g	Viertel in Wasser (330 ml/500 g Kartoffeln) zugedeckt unter Zugabe von 4,5 g Kochsalz gekocht	23	31
Kartoffeln, geschält, geviertelt	5,5 g	Viertel in Dampfdrucktopf gegart	8	8
Maniok	2,0 g	ohne Waschen gekocht	*	18
Maniok	2,0 g	langes Waschen	*	83
Spargel	10,0 g	gekocht, in Dosen oder tiefgefroren	*	0
Löwenzahn/Spinat	14,1 g/20,5 g	gekocht/gekocht, in Dosen oder tiefgefroren	*	0
OBST				
Äpfel	1,9 g	in Dosen, ungesüßt	*	0
Äpfel	1,9 g	in Dosen, gesüßt	*	48
Äpfel	1,9 g	getrocknet, kleine Stücke	*	2
Äpfel	1,9 g	gekocht, ungesüßt	*	4
Äpfel	1,9 g	gekocht, gesüßt	*	26
Aprikosen	4,1 g	in Dosen in Wasser (feste und flüssige Substanz)	*	0
Aprikosen	4,1 g	in Dosen in Sirup (feste und flüssige Substanz)	*	36
Aprikosen	4,1 g	getrocknet und geschwefelt	*	0

a = Gesamtaschegehalt = Gesamtmineralstoffgehalt   * = es liegen keine Daten vor

M

Mineralstoffgehalt und Mineralstoffdichte ausgewählter Lebensmittel

LEBENSMITTEL (verzehrbarer Anteil)	Brennwert		Natrium		Kalium		Calcium		Phosphor		Magnesium		Eisen	
	kcal/ 100 g	MJ/ 100 g	Gehalt mg/ 100 g	Dichte mg/ MJ	Gehalt mg/ 100 g	Dichte mg/ MJ	Gehalt mg/ 100 g	Dichte mg/ MJ	Gehalt mg/ 100 g	Dichte mg/ MJ	Gehalt mg/ 100 g	Dichte mg/ MJ	Gehalt mg/ 100 g	Dichte mg/ MJ
Milch, Milchprodukte und Eier														
MILCH														
Frauenmilch	67	0,278	15	54	53	191	31	112	15	54	4	14	0,1	0,4
Kuhmilch, H-Milch, 35% Fett	64	0,267	48	180	157	588	120	449	92	345	12	45	0,1	0,4
H-Milch, fettarm, 1,5% Fett	47	0,195	49	251	161	826	123	631	94	482	12	62	0,1	0,5
H-Milch, entrahmt	35	0,144	50	347	163	1132	125	868	96	666	12	83	0,1	0,7
Rohmilch, Vorzugsmilch	67	0,279	48	172	157	563	120	430	92	330	12	43	0,1	0,4
Trinkmilch, 3,5% Fett	64	0,267	48	180	157	588	120	449	92	345	12	45	0,1	0,4
Trinkmilch, fettarm, 1,5% Fett	47	0,195	49	251	161	826	123	631	94	482	12	62	0,1	0,5
Trinkmilch, entrahmt	35	0,144	50	347	163	1132	125	868	96	666	12	83	0,1	0,7
Ziegenmilch	69	0,289	42	145	177	612	123	426	103	356	13	45	0,1	0,3
MILCHPRODUKTE														
Buttermilch	35	0,144	57	396	147	1021	109	757	90	625	16	111	0,1	0,7
Joghurt aus Trinkmilch, 3,5% Fett	61	0,254	48	189	157	618	120	472	92	362	12	74	0,1	0,4
Joghurt, fettarm, 1,5% Fett	44	0,182	49	269	161	885	123	676	94	516	12	66	0,1	0,5
Joghurt aus Magermilch	32	0,133	50	376	163	1226	125	940	96	722	12	90	0,1	0,8
Kondensmilch 4% Fett	128	0,534	137	257	448	839	336	629	262	491	37	69	0,1	0,2
Kondensmilch, 7,5% Fett	133	0,556	98	176	322	579	242	435	189	340	27	49	0,1	0,2
10% Fett	176	0,737	128	174	420	570	315	427	246	334	35	47	0,1	0,1
Kondensmagermilch, ungezuckert	83	0,347	150	432	*	*	150	432	200	576	*	*	*	*
gezuckert	269	1,124	180	160	500	444	340	302	270	240	38	34	0,3	0,3
Molke, süß	24	0,100	45	450	129	1290	68	680	43	430	1	10	0,1	1,0
Sahne, 10% Fett (Kaffeerahm)	123	0,516	40	78	132	256	101	196	85	165	11	21	0,1	0,2
30% Fett (Schlagsahne)	309	1,291	34	26	112	87	80	62	63	49	10	8	+	+
Trockenmilchpulver aus Vollmilch	439	2,064	371	180	1212	587	926	448	710	344	93	45	0,8	0,4
KÄSE														
HARTKÄSE														
Chester; Cheddar, 50% Fett i.Tr.	391	1,638	675	412	102	62	810	495	530	324	37	23	0,6	0,4
Emmentaler, 45% Fett i.Tr.	382	1,599	450[a]	281	107	67	1020	638	636	398	35	22	0,3	0,2
Parmesan	375	1,567	704[a]	449	131	84	1290	823	840	536	44	28	1,0	0,6
SCHNITTKÄSE														
Edamer, 45% Fett i.Tr.	354	1,481	654[a]	442	67	45	678	458	403	272	40	27	0,6	0,4
30% Fett i.Tr.	251	1,052	800[a]	760	95	90	800	760	570	542	59	56	0,6	0,6
Edelpilzkäse, 50% Fett i.Tr.	353	1,475	1450[a]	983	138	94	526	357	362	245	39	26	0,2	0,1
Gouda, 45% Fett i.Tr.	365	1,526	869[a]	569	76	50	820	537	443	290	28	12	0,5	0,3
Tilsiter, 45% Fett i.Tr.	355	1,483	773[a]	521	60	40	858	579	500	337	31	21	0,2	0,1
30% Fett i.Tr.	270	1,128	1000[a]	887	*	*	830	736	580	514	*	*	*	*

Werte stellen das Mittel handelsüblicher Produkte dar. Sie wurden teils analytisch, teils durch Berechnung ermittelt. + = in Spuren, * = keine Daten a = variabel je nach Salz-Zusatz

LEBENSMITTEL (verzehrbarer Anteil)	Brennwert		Natrium		Kalium		Calcium		Phosphor		Magnesium		Eisen	
	kcal/ 100 g	MJ/ 100 g	Gehalt mg/ 100 g	Dichte mg/ MJ	Gehalt mg/ 100 g	Dichte mg/ MJ	Gehalt mg/ 100 g	Dichte mg/ MJ	Gehalt mg/ 100 g	Dichte mg/ MJ	Gehalt mg/ 100 g	Dichte mg/ MJ	Gehalt mg/ 100 g	Dichte mg/ MJ
WEICHKÄSE														
Brie, 50% Fett i.Tr. (Rahmbrie)	342	1,429	1170[c]	819	152	106	400	280	188	132	*	*	0,5	0,3
Camembert, 60% Fett i.Tr.	378	1,580	944	597	105	66	400	253	310	196	29	18	0,6	0,4
45% Fett i.Tr.	285	1,191	970[c]	814	109	92	570	479	350	294	17	14	0,2	0,2
30% Fett i.Tr.	206	0,864	954[c]	1104	120	139	600	694	540	625	19	22	0,5	0,6
Limburgerkäse, 40% Fett i.Tr.	267	1,117	1300[c]	1164	128	115	534	478	256	229	21	19	0,6	0,5
20% Fett i.Tr.	183	0,766	1280[c]	1671	116	151	534	697	278	363	39	51	0,4	0,5
Romadur, 30% Fett i.Tr.	218	0,913	1230[c]	1347	117	128	374	380	316	394	*	*	*	*
FRISCHKÄSE														
Doppelrahmkäse, 60% Fett i.Tr.	329	1,375	375	272	95	69	79	57	137	100	7	5	*	*
Schichtkäse, 20% Fett i.Tr.	110	0,462	35	76	120	260	70	152	200	433	*	*	0,4	0,9
10% Fett i.Tr.	94	0,395	39	99	125	316	77	195	163	413	*	*	*	*
Speisequark, 40% Fett i.Tr.	160	0,670	34	51	82	122	95	142	187	279	10	15	0,3	0,4
20% Fett i.Tr.	110	0,458	35	76	87	190	85	186	165	360	11	24	0,4	0,9
Speisequark, mager	73	0,304	40	132	95	313	92	303	160	526	12	39	0,4	1,3
SCHMELZKÄSE														
Schmelzkäse, 45% Fett i.Tr.	270	1,130	1260[c]	1115	20	18	547	484	944	835	*	*	1,0	0,9
EIER UND TROCKENEIPULVER														
1 Hühnerei, St. 58 g (Gew.-Kl. 4)[a]	84	0,351	66	188	75	214	30	85	115	328	7	20	1,4	4,0
St. 48 g (Gew.-Kl. 6)[b]	70	0,291	54	186	62	213	26	89	97	333	6	21	1,3	4,5
1 Eidotter, mittelgroß, 19 g	68	0,283	10	35	26	92	27	95	108	382	3	11	1,4	4,9
1 Eiklar, mittelgroß, 33 g	16	0,067	56	836	49	731	4	60	7	104	4	60	0,1	1,5
Hühnervollei, getrocknet	571	2,388	455	191	516	216	208	87	792	332	47	20	9,7	4,0
Hühnereigelb, getrocknet	681	2,850	97	3	267	94	272	95	1099	386	31	11	13,9	4,9
Hühnereiklar, getrocknet	352	1,471	1238	842	1077	732	80	54	153	104	80	54	1,5	1,0

Fette und Öle

LEBENSMITTEL (verzehrbarer Anteil)	kcal/ 100 g	MJ/ 100 g	Natrium Gehalt mg/ 100 g	Natrium Dichte mg/ MJ	Kalium Gehalt mg/ 100 g	Kalium Dichte mg/ MJ	Calcium Gehalt mg/ 100 g	Calcium Dichte mg/ MJ	Phosphor Gehalt mg/ 100 g	Phosphor Dichte mg/ MJ	Magnesium Gehalt mg/ 100 g	Magnesium Dichte mg/ MJ	Eisen Gehalt mg/ 100 g	Eisen Dichte mg/ MJ
TIERISCHE FETTE UND ÖLE														
Butter (Süß- und Sauerrahm)	754	3,156	5	2	16	5	13	4	21	2	3	1	0,1	0,03
Rindertalg	872	3,647	0	0	6	2	0	0	7	2	3	1	0,3	0,08
Schweineschmalz	898	3,756	+	+	1	0,3	*	*	2	0,5	+	+	0,1	0,03
PFLANZLICHE FETTE UND ÖLE														
Erdnußpaste (Erdnußmus)	611	2,555	120	47	820	321	74	29	393	154	*	*	1,9	0,7
Kokosfett, gereinigt	894	3,741	2	0,5	2	0,5	2	0,5	1	0,3	+	+	+	+
Maiskeimöl	899	3,762	1	0,3	1	0,3	15	4	*	*	*	*	1,3	0,3
Margarine	722	3,023	101	33	7	2,3	10	3,3	10	3,3	13	4	+	+
Mayonnaise, 80% Fett	727	3,040	702	231	53	17	18	6	28	9	2	0,7	0,5	0,2
Olivenöl	897	3,754	1	0,3	+	+	1	0,3	*	*	*	*	0,1	0,03

Werte stellen das Mittel handelsüblicher Produkte dar. Sie wurden teils analytisch, teils durch Berechnung ermittelt. + = in Spuren, * = keine Daten

a = Schalenanteil = 6 g b = Schalenanteil = 5 g c = variabel, je nach Salz-Zusatz.

Mineralstoffgehalt und Mineralstoffdichte ausgewählter Lebensmittel

LEBENSMITTEL (verzehrbarer Anteil)	Brennwert		Natrium		Kalium		Calcium		Phosphor		Magnesium		Eisen	
	kcal/ 100 g	MJ/ 100 g	Gehalt mg/ 100 g	Dichte mg/ MJ	Gehalt mg/ 100 g	Dichte mg/ MJ	Gehalt mg/ 100 g	Dichte mg/ MJ	Gehalt mg/ 100 g	Dichte mg/ MJ	Gehalt mg/ 100 g	Dichte mg/ MJ	Gehalt Mg/ 100 g	Dichte mg/ MJ
Fisch und andere See- und Meerestiere														
SEEFISCHE														
Flunder	72	0,303	92	304	332	1096	27	89	200	660	24	79	0,5	1,7
Heilbutt	101	0,423	67	158	446	1054	14	33	202	478	28	66	0,6	1,4
Hering	201	0,842	117	139	360	428	34	40	250	297	31	37	1,1	1,4
Filet	207	0,866	120	139	315	364	35	40	250	287	*	*	1,1	1,3
Kabeljau (Dorsch)	73	0,306	72	235	350	1144	24	78	190	621	25	82	0,4	1,3
Filet	68	0,285	85	298	350	1128	11	39	190	667	19	67	0,5	1,8
Katfisch (Steinbeißer)	88	0,370	105	284	282	762	20	54	179	484	27	73	1,0	2,7
Seelachs (Köhler)	80	0,336	81	241	374	1113	14	42	300	893	*	*	1,0	2,9
Makrele	180	0,751	95	126	396	527	12	16	238	317	28	37	1,0	1,3
Ostseehering	155	0,649	74	114	370	570	60	92	240	368	*	*	1,2	1,8
Rotbarsch (Goldbarsch)	105	0,440	80	182	308	700	22	50	201	457	29	66	0,7	1,6
Sardine	124	0,520	100	192	*	*	85	163	258	496	24	46	2,5	4,8
Schellfisch	73	0,303	116	383	301	993	18	59	176	581	24	79	0,6	2,0
Scholle	76	0,316	104	329	311	984	61	193	198	627	22	70	0,9	2,8
Seehecht	77	0,322	101	314	294	913	41	127	142	441	*	*	*	*
Seezunge	83	0,346	100	289	309	893	29	84	195	564	49	142	0,8	2,3
Steinbutt	82	0,344	114	331	290	843	17	49	159	462	45	131	0,5	1,5
Tintenfisch	68	0,286	*	*	273	955	29	101	143	500	*	*	0,8	2,8
SONSTIGE KALTBLÜTER														
Austern	47	0,196	289	1474	184	939	82	418	157	801	40	204	5,8	29,6
Garnele (Speisekrabbe)	87	0,364	146	401	266	731	92	253	224	615	67	184	1,8	13,6
Hummer	81	0,338	270	799	220	651	61	180	234	692	22	65	1,0	2,9
Krebs (Flußkrebs)	65	0,270	253	937	254	941	43	159	224	830	*	*	2,0	7,4
Miesmuschel (Blau- und Pfahlmuschel)	51	0,213	290	1362	315	1479	88	413	250	1174	23	108	5,8	27,2
SÜSSWASSERFISCHE														
Aal (Flußaal)	281	1,174	65	55	217	185	17	14	223	190	21	18	0,6	0,5
Barsch (Flußbarsch)	81	0,338	47	139	330	976	20	59	198	586	20	59	1,0	2,9
Brassen	116	0,485	23	47	310	639	89	184	*	*	*	*	*	*
Forelle (Bachforelle)	102	0,428	40	93	465	1086	18	42	242	565	27	63	0,7	1,6
Hecht	82	0,342	63	184	250	731	20	58	192	561	25	73	1,1	3,2
Karpfen	115	0,482	46	95	306	635	52	108	216	448	30	62	1,1	2,3
Lachs	202	0,845	51	60	371	439	13	15	266	315	34	170	1,0	1,2
Felchen (Renke)	100	0,418	36	86	318	760	60	144	290	694	30	72	0,5	1,2
Schleie	77	0,323	80	248	245	786	31	96	156	483	18	56	0,8	2,5
Zander	83	0,348	81	233	237	681	27	78	194	557	18	52	1,4	4,0

Werte stellen das Mittel handelsüblicher Produkte dar. Sie wurden teils analytisch, teils durch Berechnung ermittelt. + = in Spuren, * = keine Daten

Mineralstoffgehalt und Mineralstoffdichte ausgewählter Lebensmittel

LEBENSMITTEL (verzehrbarer Anteil)	Brennwert		Natrium		Kalium		Calcium		Phosphor		Magnesium		Eisen	
	kcal/ 100 g	MJ/ 100 g	Gehalt mg/ 100 g	Dichte mg/ MJ	Gehalt mg/ 100 g	Dichte mg/ MJ	Gehalt mg/ 100 g	Dichte mg/ MJ	Gehalt mg/ 100 g	Dichte mg/ MJ	Gehalt mg/ 100 g	Dichte mg/ MJ	Gehalt Mg/ 100 g	Dichte mg/ MJ
FISCHDAUERWAREN														
Aal, geräuchert	313	1,309	500	382	243	186	19	15	250	191	18	14	0,7	0,5
Bückling	224	0,938	156	166	320	341	35	37	256	273	32	34	1,1	1,2
Brathering	204	0,854	569	666	182	213	36	42	240	281	*	*	1,1	1,3
Flunder, geräuchert	110	0,461	481	1043	410	889	22	48	*	*	*	*	*	*
Heilbutt, geräuchert	223	0,937	406	433	280	299	18	19	300	320	*	*	0,9	0,9
Hering, mariniert (Bismarckhering)	210	0,879	1030	1172	98	111	38	43	149	170	12	14	*	*
in Gelee	164	0,687	594	865	159	231	*	*	*	*	*	*	*	*
Heringsfilet in Tomatensoße	204	0,853	526	617	352	413	49	57	190	223	61	72	1,9	2,2
Katfisch (Steinbeißer), geräuchert	124	0,520	701	1348	409	787	*	*	*	*	*	*	*	*
Krabben in Dosen	92	0,385	1000	2597	110	286	45	117	182	473	48	125	0,8	2,1
Krebsfleisch in Dosen	87	0,365	356	975	296	811	45	123	180	493	*	*	0,8	2,2
Lachs, geräuchert	170	0,712	*	*	*	*	14	20	245	344	*	*	*	*
in Dosen	165	0,688	540	785	300	436	185	269	292	424	30	44	1,1	1,6
Makrele, geräuchert	222	0,930	261	281	275	256	5	5	240	258	33	35	1,2	1,3
Matjeshering	267	1,119	2500	2234	235	210	43	38	200	179	35	31	1,3	1,2
Ölsardinen in Dosen (ganzer Inhalt)	302	1,264	510	403	560	443	354	280	434	343	*	*	3,5	2,8
Rotbarsch, geräuchert	145	0,605	550	909	367	607	25	41	230	380	*	*	4,7	7,7
Salzhering	218	0,911	5930	6509	240	263	112	123	341	374	39	43	2,0	2,2
Schellfisch, geräuchert	93	0,389	557	1432	300	771	20	51	262	674	25	64	1,0	2,6
Schillerlocken	302	1,264	704	557	219	173	18	14	230	182	28	22	1,1	0,9
Seeaal, geräuchert	167	0,700	626	894	311	444	20	29	260	371	34	49	0,8	1,1
Seelachs, geräuchert	98	0,412	648	1573	398	966	20	49	160	388	*	*	0,9	2,2
in Öl (Lachsersatz)	150	0,628	2900	4618	55	88	31	49	240	382	*	*	*	*
Thunfisch in Öl	283	1,185	361	305	343	289	7	6	294	248	28	24	1,2	1,0
Fleisch und Geflügel														
GEFLÜGEL														
Ente	227	0,951	140	147	292	307	11	12	187	197	*	*	2,1	2,2
Gans	342	1,430	86	60	420	294	12	8	184	129	*	*	1,9	1,3
Huhn, Brathuhn	133	0,556	83	149	359	646	12	22	200	360	37	67	1,8	3,2
Brust	99	0,415	66	159	264	636	14	34	212	511	*	*	1,1	2,7
Keule (Schlegel)	110	0,416	95	228	250	601	15	36	188	452	*	*	1,8	4,3
Suppenhuhn	257	1,074	*	*	190	177	11	10	178	166	*	*	1,4	1,3
Herz	124	0,519	111	214	262	505	22	42	164	316	*	*	1,7	3,3
Leber	136	0,567	68	120	218	384	18	32	240	423	13	23	7,4	13,1
Puter (Truthahn) ausgewachsene Tiere	212	0,886	63	71	300	339	25	28	226	255	27	30	1,4	1,6
Brust	105	0,441	46	104	333	755	*	*	*	*	20	45	1,0	2,3

Werte stellen das Mittel handelsüblicher Produkte dar. Sie wurden teils analytisch, teils durch Berechnung ermittelt. + = in Spuren, * = keine Daten

Mineralstoffgehalt und Mineralstoffdichte ausgewählter Lebensmittel

LEBENSMITTEL (verzehrbarer Anteil)	Brennwert		Natrium		Kalium		Calcium		Phosphor		Magnesium		Eisen	
	kcal/ 100 g	MJ/ 100 g	Gehalt mg/ 100 g	Dichte mg/ MJ	Gehalt mg/ 100 g	Dichte mg/ MJ	Gehalt mg/ 100 g	Dichte mg/ MJ	Gehalt mg/ 100 g	Dichte mg/ MJ	Gehalt mg/ 100 g	Dichte mg/ MJ	Gehalt Mg/ 100 g	Dichte mg/ MJ
Truthahn, Keule	114	0,479	86	180	289	603	*	*	*	*	17	35	2,0	4,2
Jungtiere	179	0,752	66	88	315	419	26	35	238	316	28	37	1,5	2,0
HAMMELFLEISCH UND LAMMFLEISCH														
Muskelfleisch, ohne Fett	112	0,469	94	200	289	616	12	26	185	394	*	*	1,8	3,8
Brust	381	1,594	93	58	294	184	9	6	155	97	*	*	2,3	1,4
Filet	112	0,469	94	200	289	616	12	26	162	345	19	41	1,8	3,8
Keule (Schlegel)	234	0,979	78	76	380	372	10	10	213	209	23	23	2,7	2,6
Kotelett	348	1,454	90	62	345	237	9	6	138	94	14	10	2,2	1,5
Lende	194	0,810	75	93	295	364	9	11	140	172	*	*	2,0	2,5
Schnitzel	131	0,549	80	146	417	759	*	*	*	*	*	*	2,0	3,6
Herz	158	0,661	118	179	248	375	4	6	160	242	16	24	6,1	9,2
Leber	133	0,556	95	171	282	507	4	7	364	654	14	25	12,4	22,3
KALBFLEISCH														
Muskelfleisch, ohne Fett	95	0,397	94	236	388	977	13	33	198	498	16	40	2,1	5,3
Brust	131	0,549	105	191	329	599	11	20	237	431	*	*	3,0	5,5
Filet	95	0,397	95	239	348	876	12	30	200	503	*	*	*	*
Haxe	98	0,410	115	280	300	731	12	29	200	487	*	*	3,0	7,3
Keule (Schlegel)	97	0,407	86	211	343	842	13	32	198	486	16	39	2,3	5,7
Kotelett	112	0,470	93	198	369	785	13	28	195	415	16	34	2,1	4,5
Schnitzel	99	0,414	83	201	355	858	15	36	206	498	*	*	3,0	7,2
Bries	99	0,416	87	209	386	928	1	2	120	288	22	53	2,0	4,8
Herz	114	0,475	104	219	265	558	16	34	180	379	25	53	3,7	11,0
Leber	130	0,543	87	160	316	582	9	17	306	564	19	35	7,9	14,5
Lunge	90	0,376	154	410	303	806	5	13	*	*	*	*	5,0	13,3
Niere	128	0,534	200	375	290	543	10	19	260	487	18	34	3,4	6,4
Zunge	128	0,535	84	157	200	374	9	17	190	355	10	19	3,0	5,6
RINDFLEISCH														
Muskelfleisch, ohne Fett	105	0,439	57	130	385	877	4	9	194	442	21	48	1,9	4,3
Filet	116	0,487	51	105	340	698	3	6	164	337	*	*	*	*
Hochrippe (dicke Rippe, Rostbraten)	223	0,933	95	102	348	373	12	13	149	160	18	19	2,1	2,3
Kamm (Hals)	133	0,558	76	136	362	649	13	23	200	358	*	*	3,2	5,6
Keule (Schlegel)	148	0,619	80	129	357	577	13	21	195	315	20	32	2,6	4,2
Lende (Roastbeef)	174	0,729	74	102	335	460	12	16	157	215	23	32	2,5	3,4
Ochsenschwanz	184	0,769	107	139	206	268	13	17	*	*	*	*	*	*
Corned beef (deutsch)	141	0,589	833	1412	131	222	33	56	*	*	*	*	*	*
Hackfleisch, 14% Fett	216	0,904	*	*	199	220	18	20	190	210	33	37	2,4	2,7
Luncheon meat (Frühstücksfleisch)	294	1,229	1060	862	212	172	12	10	220	179	59	48	2,2	1,8
Rindfleisch in Dosen (i. D.)	196	0,822	600	730	*	*	*	*	*	*	*	*	*	*

Werte stellen das Mittel handelsüblicher Produkte dar. Sie wurden teils analytisch, teils durch Berechnung ermittelt. + = in Spuren, * = keine Daten

Mineralstoffgehalt und Mineralstoffdichte ausgewählter Lebensmittel

LEBENSMITTEL (verzehrbarer Anteil)	Brennwert		Natrium		Kalium		Calcium		Phosphor		Magnesium		Eisen	
	kcal/ 100 g	MJ/ 100 g	Gehalt mg/ 100 g	Dichte mg/ MJ	Gehalt mg/ 100 g	Dichte mg/ MJ	Gehalt mg/ 100 g	Dichte mg/ MJ	Gehalt mg/ 100 g	Dichte mg/ MJ	Gehalt mg/ 100 g	Dichte mg/ MJ	Gehalt Mg/ 100 g	Dichte mg/ MJ
Herz	124	0,517	108	131	286	347	9	11	195	237	25	30	5,1	6,2
Leber	114	0,475	116	244	292	615	7	15	352	741	17	36	6,5	13,7
Lunge	99	0,412	198	481	228	553	13	32	224	544	*	*	7,5	18,2
Niere	116	0,485	235	485	245	505	11	23	248	511	20	41	9,5	19,6
Zunge	209	0,873	100	115	255	292	10	11	229	262	10	11	3,0	3,4
SCHWEINEFLEISCH														
Muskelfleisch, ohne Fett	111	0,466	60	129	387	830	3	6	204	438	27	58	1,0	2,1
Bauch	385	1,609	59	37	157	98	1	1	55	34	*	*	*	*
Bug (Schulter)	271	1,132	74	65	291	257	9	8	149	132	*	*	1,8	1,6
Eisbein (Haxe)	194	0,812	78	96	320	394	2	2	78	96	*	*	*	*
Filet	182	0,759	74	97	348	458	2	3	173	228	22	29	3,0	4,0
Kamm	211	0,882	76	86	252	286	5	6	139	158	17	19	2,2	2,5
Keule (Schlegel, Hinterschinken)	274	1,145	72	63	292	255	9	8	172	150	21	18	1,7	1,5
Kopf	324	1,357	77	57	190	140	3	2	196	144	*	*	*	*
Kotelett	193	0,808	62	77	326	403	11	14	150	186	24	30	1,8	2,2
Rückenspeck, frisch	759	3,175	21	7	14	4	2	0,6	13	4	*	*	0,3	0,9
Schnitzel	156	0,653	56	86	373	571	2	3	194	297	*	*	2,3	3,5
Kasseler	237	0,990	958	968	324	327	6	6	160	161	*	*	2,5	2,5
Herz	106	0,445	80	180	257	578	20	45	176	396	20	45	4,3	9,7
Leber	134	0,559	77	138	350	626	10	18	362	648	21	38	22,1	39,5
Niere	116	0,485	173	357	242	499	11	23	260	536	16	33	10,0	20,6
WILD UND SONSTIGE FLEISCHARTEN														
Hase	113	0,474	50	105	400	844	9	19	220	464	28	59	2,4	5,1
Hirsch	112	0,469	61	130	330	704	7	15	249	531	29	62	*	*
Reh, Keule (Schlegel)	97	0,407	60	147	309	760	5	12	220	540	*	*	3,0	7,4
Rücken	122	0,510	84	165	342	671	25	49	220	431	*	*	3,0	5,9
Kaninchen	152	0,634	47	74	382	603	14	22	224	353	29	46	3,5	5,5
FLEISCH- UND WURSTWAREN														
Bierschinken	235	0,982	753	1188	261	412	15	24	152	240	18	28	1,5	2,4
Bockwurst	277	1,159	700	440	*	*	*	*	67	42	*	*	*	*
Bratwurst (Schweinsbratwurst)	342	1,433	520	363	140	98	5	3	190	133	15	10	1,0	0,7
Cervelatwurst	456	1,910	1260	660	300	157	24	13	155	81	11	6	1,7	0,9
Dosenwürstchen	228	0,956	711	744	165	173	10	10	185	194	9	9	2,7	2,8
Fleischkäse (Leberkäse)	320	1,337	599	448	299	224	4	3	*	*	15	11	2,0	1,5
Fleischwurst	297	1,241	829	668	199	160	14	11	129	104	13	10	1,7	1,4
Frankfurter Würstchen	272	1,338	778	581	180	135	8	6	107	80	11	8	1,8	1,3
Gelbwurst (Hirnwurst)	342	1,429	640	448	285	199	*	*	*	*	*	*	*	*
Jagdwurst	345	1,443	818	567	260	180	14	10	144	100	19	13	2,9	2,0

Werte stellen das Mittel handelsüblicher Produkte dar. Sie wurden teils analytisch, teils durch Berechnung ermittelt. + = in Spuren, * = keine Daten

Mineralstoffgehalt und Mineralstoffdichte ausgewählter Lebensmittel

LEBENSMITTEL (verzehrbarer Anteil)	Brennwert		Natrium		Kalium		Calcium		Phosphor		Magnesium		Eisen	
	kcal/ 100 g	MJ/ 100 g	Gehalt mg/ 100 g	Dichte mg/ MJ	Gehalt mg/ 100 g	Dichte mg/ MJ	Gehalt mg/ 100 g	Dichte mg/ MJ	Gehalt mg/ 100 g	Dichte mg/ MJ	Gehalt mg/ 100 g	Dichte mg/ MJ	Gehalt Mg/ 100 g	Dichte mg/ MJ
Knackwurst	351	1,486	1190	801	195	131	28	19	144	97	*	*	*	*
Leberpastete	314	1,315	738	561	173	104	10	8	191	145	15	11	6,4	4,9
Leberwurst	420	1,759	810	460	143	81	41	23	154	88	*	*	5,3	3,0
Leberwurst, mager	257	1,075	400	372	140	130	9	8	240	223	7	7	5,5	5,1
Mettwurst (Braunschweiger)	455	1,905	1090	572	213	112	13	7	160	84	11	6	1,6	0,8
Mortadella	345	1,443	668	463	207	143	42	29	143	99	19	13	3,1	2,1
Münchner Weißwurst	287	1,202	620	516	122	101	25	21	*	*	*	*	*	*
Rotwurst (Blutwurst)	400	1,672	680	407	38	23	7	4	22	13	8	5	6,4	3,8
Salami, deutsche	519	2,169	1260	581	302	139	38	18	167	77	11	5	2,1	1,0
Schinken, gesalzen und gekocht	193	0,808	876	1084	270	334	10	12	136	168	24	30	2,5	3,1
Schinken, gesalzen und geräuchert	383	1,601	1400	847	248	155	10	6	207	129	20	12	2,3	1,4
Speck, durchwachsen	621	2,600	1770	681	225	87	9	3	108	42	15	6	0,8	0,3
Wiener Würstchen	277	1,161	941	811	204	176	13	11	170	146	*	*	2,4	2,0
FLEISCHBRÜHEN														
Fleischextrakt	247	1,031	1760	1707	7200	6984	163	158	2380	2308	374	363	39,0	37,8
Fette Brühe	351	1,467	*	*	375	256	175	119	555	378	*	*	*	*
Klare Fleischsuppe, verzehrfertig	6	0,027	936	34667	*	*	*	*	*	*	*	*	*	*

Getreide und Getreide-Erzeugnisse

GETREIDE, MEHLE UND SONSTIGE MAHLPRODUKTE	kcal/ 100 g	MJ/ 100 g	Natrium Gehalt	Natrium Dichte	Kalium Gehalt	Kalium Dichte	Calcium Gehalt	Calcium Dichte	Phosphor Gehalt	Phosphor Dichte	Magnesium Gehalt	Magnesium Dichte	Eisen Gehalt	Eisen Dichte
Buchweizen, Korn, geschält	340	1,421	2	1	324	228	21	15	254	179	85	60	3,2	2,3
Vollmehl	340	1,421	1	1	380	267	33	23	189	133	50	35	2,0	1,4
Gerste, Korn[a]	292	1,222	18	15	444	363	38	31	342	280	114	93	2,8	2,3
Graupen	302	1,266	5	4	190	150	14	11	189	149	125	99	2,0	1,6
Grünkern (Dinkel), Korn	320	1,340	2,8	2	447	334	22	16	411	307	130	97	4,2	3,1
Mehl	360	1,510	3	2	349	231	20	13	300	199	80	53	3,0	2,0
Hafer, Korn[a]	359	1,502	8	5	355	236	79	53	342	228	129	86	5,8	3,9
Flocken (Vollkorn)	363	1,519	5	3	360	237	65	43	405	267	139	92	5,1	3,4
Hirse, Korn[a]	354	1,478	3	2	430	291	20	14	310	210	170	115	9,0	6,1
Mais, Korn	333	1,392	6	4	330	237	15	11	256	184	120	86	1,5	1,1
Pop-Corn	368	1,589	3	2	240	151	11	7	281	177	*	*	1,7	1,1
Grieß (gelb)	339	1,417	1	1	80	56	4	3	73	52	20	14	1,0	0,7
Vollmehl (gelb)	333	1,392	1	1	280	201	19	14	260	187	100	72	2,3	1,7
Reis, Korn unpoliert[a]	348	1,455	10	7	150	104	23	16	325	225	157	109	2,6	1,8
Reis, poliert	347	1,452	6	4	103	71	6	4	120	83	64	44	0,6	0,4
poliert, angereichert, roh	345	1,441	6	4	92	64	24	17	94	65	28	19	2,9	2,0
Mehl	351	1,474	4	3	104	71	7	5	90	61	23	16	0,4	0,3
Roggen, Korn	264	1,104	40	36	510	462	64	58	373	338	120	109	4,6	4,2

Werte stellen das Mittel handelsüblicher Produkte dar. Sie wurden teils analytisch, teils durch Berechnung ermittelt. + = in Spuren, * = keine Daten a = entspelzt

Mineralstoffgehalt und Mineralstoffdichte ausgewählter Lebensmittel

LEBENSMITTEL (verzehrbarer Anteil)	Brennwert		Natrium		Kalium		Calcium		Phosphor		Magnesium		Eisen	
	kcal/ 100 g	MJ/ 100 g	Gehalt mg/ 100 g	Dichte mg/ MJ	Gehalt mg/ 100 g	Dichte mg/ MJ	Gehalt mg/ 100 g	Dichte mg/ MJ	Gehalt mg/ 100 g	Dichte mg/ MJ	Gehalt mg/ 100 g	Dichte mg/ MJ	Gehalt Mg/ 100 g	Dichte mg/ MJ
Roggen, Mehl, Type 815	300	1,254	1	1	170	136	22	18	135	108	26	21	2,1	1,7
Mehl, Type 997	299	1,251	1	1	240	192	31	25	200	160	56	45	2,2	1,8
Mehl, Type 1150	295	1,234	1	1	297	241	20	16	234	190	67	54	2,4	1,9
Vollkornmehl/Backschrot, Type 1800	273	1,143	2	2	439	384	23	20	362	317	83	73	4,0	3,4
Weizen, Korn	304	1,274	8	7	502	394	44	35	406	319	147	115	3,3	2,6
Grieß	324	1,355	1	1	112	83	17	13	87	64	30	22	1,0	0,7
Mehl, Type 405	339	1,419	2	1	108	76	15	11	90	63	*	*	2,0	1,4
Mehl, Type 1050	330	1,382	2	1	203	147	18	13	232	168	53	38	2,8	2,0
Vollkornmehl/Backschrot, Type 1700	306	1,282	2	2	290	226	40	31	392	306	140	109	3,0	2,3
Keime	250	1,046	20	19	1065	1018	53	51	1100	1052	325	311	7,5	7,2
Speisekleie	149	0,623	2	3	1390	2231	43	69	1240	1990	590	947	3,6	5,8
STÄRKE-MEHL														
Kartoffel-Stärke	336	1,405	7	5	15	11	35	25	6	4	5	4	1,8	1,3
Mais-Stärke	346	1,448	3	2	7	5	+	+	30	21	2	1	0,5	0,3
Reis-Stärke	343	1,436	61	42	8	6	20	14	10	7	2	1	+	+
Weizen-Stärke	333	1,391	2	1	16	12	0	0	20	14	+	+	0	+
BACKWAREN														
BROTE														
Roggenbrot	222	0,930	552	594	165	177	25	27	140	151	3,5	4	2,5	2,7
Roggenmischbrot	225	0,940	537	571	185	197	23	25	183	195	40	43	2,3	2,4
Roggenschrot- und Vollkornbrot	206	0,864	527	610	291	337	43	50	220	255	70	81	3,0	3,5
Weizenbrot	238	0,995	540	543	130	131	58	58	90	90	0,9	1	0,9	0,9
Weizenmischbrot	232	0,968	553	571	177	183	17	18	110	114	75	77	1,7	1,8
Weizenschrot- und Vollkornbrot	208	0,870	380	437	270	310	63	72	265	305	92	106	2,0	2,2
Weizenbrötchen (Semmeln)	258	1,076	553	514	115	107	25	23	110	103	30	28	1,2	1,1
Weizentoastbrot	262	1,097	551	502	160	146	25	23	90	82	24	22	2,2	2,0
Knäckebrot	318	1,927	463	240	436	226	55	29	318	165	68	35	5,0	2,6
Pumpernickel	201	0,840	569	677	454	540	84	100	229	273	71	85	2,4	2,9
Simonsbrot	204	0,852	380	446	410	481	41	48	189	222	48	56	3,0	3,5
Steinmetzbrot	203	0,851	420	494	275	323	26	31	259	304	22	26	3,0	3,5
FEIN- UND DAUERBACKWAREN														
Butterkeks	422	1,769	387	219	139	79	47	27	109	62	23	13	1,8	1,0
Mandelmakronen	376	1,572	59	38	430	274	115	73	209	133	94	60	1,9	1,2
Salzstangen, Salzbrezeln	389	1,626	1800	1107	124	76	147	90	*	*	*	*	0,7	0,4
Zwieback, eifrei	380	1,596	265	166	160	100	40	25	120	75	16	10	1,5	0,9
FRÜHSTÜCKSFLOCKEN														
Kleieflocken, gezuckert	240	1,002	*	*	308	307	60	60	292	291	*	*	9,0	8,9
Corn Flakes	336	1,404	91	65	139	99	13	9	59	42	14	10	2,0	1,4

Werte stellen das Mittel handelsüblicher Produkte dar. Sie wurden teils analytisch, teils durch Berechnung ermittelt. + = in Spuren, * = keine Daten

Mineralstoffgehalt und Mineralstoffdichte ausgewählter Lebensmittel

M

LEBENSMITTEL (verzehrbarer Anteil)	Brennwert		Natrium		Kalium		Calcium		Phosphor		Magnesium		Eisen	
	kcal/ 100 g	MJ/ 100 g	Gehalt mg/ 100 g	Dichte mg/ MJ	Gehalt mg/ 100 g	Dichte mg/ MJ	Gehalt mg/ 100 g	Dichte mg/ MJ	Gehalt mg/ 100 g	Dichte mg/ MJ	Gehalt mg/ 100 g	Dichte mg/ MJ	Gehalt Mg/ 100 g	Dichte mg/ MJ
Müsli-Mischung, Trockenprodukt	394	1,647	15	9	420	255	75	46	140	85	65	39	3,0	1,8
Früchte-Müsli, ohne Zucker	349	1,459	19	13	450	308	87	60	170	117	65	45	3,0	2,1
Schoko-Müsli	425	1,777	23	13	650	366	101	57	250	141	140	79	3,0	1,7
TEIGWAREN														
Eier-Teigwaren (Nudeln)	347	1,452	17	12	164	113	27	19	195	134	67	46	1,6	1,1
Spaghetti, eifrei	362	1,513	5	3	*	*	22	15	165	109	*	*	1,5	1,0
VERSCHIEDENES														
Bierhefe (getrocknet)	355	1,491	77	52	1500	1006	50	34	1800	1207	230	154	17,5	11,7
Bäckerhefe	96	0,403	26	65	640	1588	23	57	590	1460	60	149	5,0	12,4
Hülsenfrüchte, Samen und Nüsse														
HÜLSENFRÜCHTE														
Bohnen, weiß	294	1,228	2	2	1300	1059	105	86	430	350	130	106	6,1	9,9
Erbsen, gelb, geschält	347	1,453	26	18	930	640	51	35	378	260	116	80	5,2	3,6
Kichererbsen	305	1,276	27	21	580	455	110	86	428	335	108	85	6,5	5,1
Linsen	310	1,296	4	3	810	625	74	57	412	318	77	59	6,9	5,3
Sojabohnen	453	1,894	4	2	1750	924	260	137	590	312	250	132	8,6	4,5
Sojakäse	76	0,318	*	*	*	*	*	*	34	107	*	*	1,8	5,7
Sojakeimlinge	26	0,104	*	*	157	1510	32	308	12	115	15	144	0,6	5,8
Sojamehl, halbfett	335	1,402	*	*	2025	1444	*	*	244	174	286	204	9,1	6,5
vollfett	453	1,894	4	2	1870	987	195	103	553	292	235	124	12,1	6,4
Sojamilch	36	0,151	*	*	*	*	21	139	48	318	*	*	0,8	5,3
SAMEN UND NÜSSE														
SAMEN														
Cashew-Nuß	569	2,380	15	6	552	232	31	13	375	158	270	113	2,8	1,2
Erdnuß, frisch	571	2,390	5	2	706	295	59	25	372	156	163	68	2,1	0,9
geröstet	586	2,450	5,7	1	777	317	65	27	410	167	180	73	2,3	0,9
Erdnußbutter	630	2,636	*	*	670	254	65	25	410	156	175	66	2,0	0,8
Kastanie (Marone)	196	0,818	2	2	707	864	33	40	87	106	45	55	1,4	1,7
Kokosnuß, reif	342	1,431	35	24	379	265	20	14	94	66	39	27	2,0	1,4
Kokosmilch	9	0,036	47	1306	282	7833	27	750	33	917	28	778	0,1	2,8
Kokosraspel	606	2,536	28	11	750	296	22	9	160	63	90	35	3,6	1,4
Mandel	599	2,507	20	8	835	333	252	101	454	181	170	68	4,7	1,9
Lupinensamen (bitter), ungeschält	428	1,790	1210	676	1630	911	180	101	880	492	430	240	7,6	4,2
NÜSSE OHNE SCHALE														
Haselnuß	643	2,692	2	<1	630	234	225	84	330	123	150	56	3,8	1,4
Paranuß	668	2,796	2	<1	644	230	130	46	674	241	160	57	3,4	1,2
Walnuß	666	2,788	2	<1	570	204	87	31	410	147	135	48	2,1	0,8

Werte stellen das Mittel handelsüblicher Produkte dar. Sie wurden teils analytisch, teils durch Berechnung ermittelt. + = in Spuren, * = keine Daten

Mineralstoffgehalt und Mineralstoffdichte ausgewählter Lebensmittel

M

LEBENSMITTEL (verzehrbarer Anteil)	Brennwert		Natrium		Kalium		Calcium		Phosphor		Magnesium		Eisen	
	kcal/ 100 g	MJ/ 100 g	Gehalt mg/ 100 g	Dichte mg/ MJ	Gehalt mg/ 100 g	Dichte mg/ MJ	Gehalt mg/ 100 g	Dichte mg/ MJ	Gehalt mg/ 100 g	Dichte mg/ MJ	Gehalt mg/ 100 g	Dichte mg/ MJ	Gehalt Mg/ 100 g	Dichte mg/ MJ
Pinienkerne	674	2,820	*	*	*	*	12	4	605	215	*	*	5,2	1,8
Pistazienkerne	598	2,500	*	*	1020	408	130	52	500	200	160	64	7,3	2,9
Sesam-Samen	570	2,385	5	2	458	192	783	328	607	255	347	145	10,0	4,2
Sonnenblumenkerne, geschält	582	2,436	2	<1	725	298	100	41	618	254	420	172	7,0	2,9
Gemüse und Gemüseprodukte														
Artischocke, roh	49	0,203	47	232	350	1724	53	261	130	640	26	128	1,5	7,4
gekocht	56	0,233	33	142	273	1172	53	227	101	433	*	*	1,2	5,1
Aubergine, roh	21	0,086	4	47	240	2791	12	140	20	233	10	116	0,4	4,7
gekocht	19	0,078	6	77	150	1923	12	154	21	269	*	*	0,3	3,8
Blattsellerie, roh	23	0,098	96	980	291	2969	50	510	40	408	27	276	0,5	5,1
Bleichsellerie, roh	12	0,049	132	2694	344	7020	80	1633	48	980	12	245	0,5	10,2
Blumenkohl, roh	23	0,096	16	167	311	3240	22	229	72	750	7	73	1,1	11,5
gekocht	23	0,096	11	115	217	2260	18	188	41	427	*	*	0,7	7,3
gekocht, aus tiefgefrorenem	17	0,073	12	164	218	2986	14	192	49	671	*	*	0,5	6,8
tiefgefroren	22	0,093	13	140	237	2548	16	172	54	581	*	*	0,6	6,5
Bohnen, grün, roh	35	0,184	2	11	243	1321	56	304	44	239	26	141	0,8	4,3
gekocht	27	0,112	*	*	151	1348	50	446	37	330	*	*	0,6	5,4
getrocknet	312	1,306	*	*	1770	1355	197	151	419	321	*	*	7,0	5,4
in Dosen	23	0,094	275	2926	148	1574	34	362	24	255	20	213	1,3	13,8
Brennesselsaft	12	0,050	18	360	316	6320	190	3800	61	1220	*	*	*	*
Broccoli, roh	24	0,100	14	140	410	4100	113	1130	78	780	24	240	1,3	10,3
Brunnenkresse, roh	21	0,087	12	138	276	3172	180	2069	64	736	34	391	3,1	35,6
Chicorée, roh	11	0,048	4	83	192	4000	26	542	26	542	13	271	0,7	15,0
Chinakohl, roh	11	0,048	7	146	202	4208	40	833	30	625	11	229	0,6	12,5
Endivien, roh	12	0,049	53	1082	320	6531	68	1388	54	1102	13	265	1,6	32,7
Erbsen, grün, roh	69	0,290	1	3	340	1172	15	52	100	345	30	103	1,9	6,6
gekocht, abgetropft	68	0,280	2	7	192	686	22	79	91	325	*	*	1,3	4,6
in Dosen, Gesamtinhalt	56	0,233	236	1013	99	425	20	86	62	266	20	86	1,5	6,4
Feldsalat, roh	11	0,048	4	83	420	8750	32	667	49	833	13	271	2,0	41,7
Fenchelkraut, roh	36	0,149	86	577	494	3315	109	732	51	342	49	329	2,7	18,1
Gartenkresse, roh	39	0,164	5	30	550	3354	214	1305	38	232	*	*	2,9	17,7
Grüner Pfeffer, roh	16	0,067	2	30	210	3134	9	134	25	373	11	164	0,4	6,0
Grünkohl, Braunkohl, roh	33	0,137	44	321	490	3577	230	1679	90	657	34	248	1,9	13,9
gekocht	28	0,119	36	303	310	2605	160	1345	55	462	*	*	1,6	13,4
Gurken, roh	13	0,054	8	148	141	261	15	278	23	426	8	148	0,5	9,3
Salz-Dill-Gurken	17	0,073	960	13151	*	*	30	411	30	411	*	*	1,6	21,9
Kartoffeln, roh, frisch geerntet	71	0,295	3	10	443	1502	9	31	50	169	25	85	1,0	3,4

Werte stellen das Mittel handelsüblicher Produkte dar. Sie wurden teils analytisch, teils durch Berechnung ermittelt. + = in Spuren, * = keine Daten

Mineralstoffgehalt und Mineralstoffdichte ausgewählter Lebensmittel

LEBENSMITTEL (verzehrbarer Anteil)	Brennwert		Natrium		Kalium		Calcium		Phosphor		Magnesium		Eisen	
	kcal/ 100 g	MJ/ 100 g	Gehalt mg/ 100 g	Dichte mg/ MJ	Gehalt mg/ 100 g	Dichte mg/ MJ	Gehalt mg/ 100 g	Dichte mg/ MJ	Gehalt mg/ 100 g	Dichte mg/ MJ	Gehalt mg/ 100 g	Dichte mg/ MJ	Gehalt Mg/ 100 g	Dichte mg/ MJ
Kartoffeln, Chips	539	2,254	450	200	1000	444	52	23	147	65	65	28	2,3	1,0
gekocht	70	0,291	3	10	400	1375	12	41	45	155	*	*	0,8	2,7
geröstet	121	0,508	*	*	785	1545	24	47	78	154	*	*	1,6	3,1
Pommes frites, verzehrfertig	264	1,105	6	5	926	838	20	18	112	101	*	*	1,9	1,7
Trockenkartoffeln	337	1,407	13	9	2100	1493	25	18	103	73	*	*	3,7	2,6
Knoblauch, roh	135	0,566	*	*	*	*	38	67	134	237	*	*	1,4	2,5
Knollensellerie, roh	22	0,092	77	837	310	3370	55	598	105	1141	9	98	0,5	5,4
gekocht	20	0,082	60	732	240	2927	51	622	90	1098	5	61	0,4	4,9
Kohlrabi, roh	25	0,106	10	94	372	3509	68	642	51	481	32	302	0,9	8,5
gekocht	22	0,091	7	77	260	2857	45	495	41	451	16	176	0,5	5,5
Kohlrübe, roh	35	0,146	10	68	239	1637	47	322	39	267	11	75	0,4	2,7
gekocht	29	0,123	7	57	167	1358	39	317	31	252	6	49	0,3	2,4
Kopfsalat, roh	10	0,044	10	227	224	5091	37	841	31	705	11	250	1,0	22,7
Kürbis, roh	25	0,104	1	10	383	3683	22	212	44	423	8	77	0,8	7,7
Löwenzahnblätter, roh	45	0,187	76	406	435	2326	173	925	70	374	36	193	3,1	16,6
Mais, in der Dose	110	0,461	209	1298	230	1429	*	*	*	*	*	*	*	*
Mangold, roh	23	0,095	90	947	376	3958	103	1084	39	411	*	*	2,7	28,4
Meerrettich, roh	61	0,254	9	35	554	2181	105	413	65	256	33	130	1,4	5,5
Möhren (Karotten), roh	27	0,164	60	366	290	1768	37	226	36	220	17	104	2,1	12,8
gekocht	30	0,125	50	400	180	1440	33	264	31	248	13	104	0,6	4,8
getrocknet	204	0,853	495	580	2640	3095	256	300	103	121	*	*	4,7	5,5
in Dosen	30	0,123	61	496	140	1138	24	195	22	179	*	*	0,7	5,7
Paprikafrüchte, roh (grün, gelb)	20	0,083	2	24	213	2566	10	120	26	313	12	145	0,7	8,4
Pastinake, roh	22	0,092	8	87	469	5098	51	554	73	793	22	239	0,6	6,5
Petersilienblatt, roh	60	0,253	33	130	1000	3953	245	968	128	506	41	162	8,0	31,6
Petersilienwurzel, roh	31	0,128	28	219	880	6875	190	1484	80	625	52	406	3,2	25,0
Porree (Lauch), Blätter, roh	24	0,102	5	49	260	2549	120	1176	34	333	20	196	2,0	19,6
Knolle, roh	26	0,110	5	45	200	1818	87	791	54	491	15	136	1,1	10,0
Portulak, roh	15	0,062	2	32	390	6290	95	1532	35	565	151	2435	3,6	58,1
Radieschen, roh	13	0,055	17	309	255	4638	35	636	28	509	8	145	1,2	21,8
Rettich, roh	9	0,041	18	439	322	7854	32	780	30	732	15	366	0,9	22,0
Rhabarber, roh	11	0,044	2	45	270	6136	52	1182	24	545	13	295	0,5	11,4
gekocht (ohne Zutaten)	7	0,029	1	34	182	6276	48	1655	18	621	10	345	0,4	13,8
Rosenkohl, roh	38	0,160	7	44	390	2438	36	225	80	500	22	138	1,5	9,4
gekocht	30	0,124	5	40	273	2202	32	258	72	581	18	145	0,8	6,5
Rote Rüben, roh	41	0,173	62	358	335	1936	29	168	45	260	25	145	0,7	4,0
gekocht	25	0,106	48	453	208	1962	22	208	36	340	20	187	0,5	4,7
Saft	36	0,151	200	1325	242	1603	2	13	29	192	*	*	*	*

Werte stellen das Mittel handelsüblicher Produkte dar. Sie wurden teils analytisch, teils durch Berechnung ermittelt. + = in Spuren, * = keine Daten

Mineralstoffgehalt und Mineralstoffdichte ausgewählter Lebensmittel

LEBENSMITTEL (verzehrbarer Anteil)	Brennwert		Natrium		Kalium		Calcium		Phosphor		Magnesium		Eisen	
	kcal/ 100 g	MJ/ 100 g	Gehalt mg/ 100 g	Dichte mg/ MJ	Gehalt mg/ 100 g	Dichte mg/ MJ	Gehalt mg/ 100 g	Dichte mg/ MJ	Gehalt mg/ 100 g	Dichte mg/ MJ	Gehalt mg/ 100 g	Dichte mg/ MJ	Gehalt Mg/ 100 g	Dichte mg/ MJ
Rotkohl, roh	21	0,086	4	12	267	2519	38	358	32	302	16	151	0,5	4,7
Sauerampfer, roh	23	0,087	4	46	362	4161	54	621	71	816	41	471	8,5	97,7
Sauerkraut, abgetropft, roh	16	0,067	355	5299	288	4299	48	716	43	642	14	209	0,6	9,0
Schnittlauch, roh	38	0,161	3	19	434	2696	129	801	75	466	44	273	1,9	11,8
Schwarzwurzel, roh	14	0,057	5	31	320	1988	58	360	76	472	23	143	3,3	20,5
Senf	102	0,425	1307	3075	130	306	124	292	134	315	48	113	1,8	4,2
Spargel, roh	6	0,023	4	174	220	9565	22	957	46	2000	20	870	1,0	43,5
gekocht	13	0,052	3	58	114	2192	18	346	38	731	15	288	1,0	19,2
in Dosen	13	0,052	355	6827	104	2000	17	327	38	731	*	*	0,9	17,3
Spinat, roh	16	0,063	54	857	633	10048	126	2000	51	810	58	921	4,1	65,1
gekocht	12	0,052	46	885	324	6231	126	2423	38	731	46	885	2,2	42,3
Saft	9	0,036	73	2028	412	11444	1	28	44	1222	40	1111	1,5	41,7
tiefgefroren	12	0,052	40	769	320	6154	120	2308	45	865	46	885	2,1	40,4
Süßkartoffeln (Batate), roh	96	0,401	4	10	400	998	35	87	45	112	25	62	0,8	2,0
Tomaten, roh	17	0,073	6	82	297	4068	13	178	27	370	20	274	0,5	6,8
gekocht	20	0,085	4	47	206	2424	11	129	24	282	*	*	0,5	5,9
in Dosen	21	0,086	5	58	204	2372	10	116	22	256	*	*	0,5	5,8
Mark, gesalzen	50	0,208	590	2837	1160	5577	60	288	34	163	*	*	*	*
Saft	17	0,073	5	68	230	3151	9	123	15	205	*	*	0,6	8,2
Topinambur, roh	29	0,122	*	*	480	3934	10	82	80	656	20	164	3,7	30,3
Wegerich, roh	119	0,498	*	*	350	703	7	14	35	70	33	66	0,5	1,0
gekocht	129	0,540	4	7	330	611	9	17	34	63	34	63	0,4	0,7
Weiße Rübe, roh	16	0,067	58	866	240	3582	50	746	28	418	7	104	0,4	6,0
gekocht	15	0,062	28	452	160	2581	45	726	19	306	7	113	0,4	6,5
Weißkohl, roh	22	0,093	13	140	233	2505	49	527	29	312	20	215	0,4	4,3
gekocht	20	0,085	*	*	163	1918	44	518	20	235	16	188	0,3	3,5
getrocknet (ungeschwefelt)	219	0,917	*	*	2205	2405	405	442	287	313	*	*	3,9	4,3
Wirsing, roh	32	0,134	9	67	275	2052	47	351	55	410	12	90	0,9	6,7
gekocht	25	0,104	6	58	210	2019	45	433	40	385	9	87	0,6	5,8
Zucchini, roh	19	0,079	*	*	200	2532	30	380	25	316	*	*	1,5	19,0
Zuckermais, roh	90	0,375	+		300	800	7	19	116	309	43	115	0,5	1,3
Zwiebel, roh	33	0,137	9	66	175	1277	27	197	42	307	11	80	0,5	3,6
getrocknet	262	1,095	105	96	1040	950	162	148	243	222	*	*	3,3	3,0
PILZE														
Champignons (Zucht-)	15	0,062	12	194	418	6742	10	161	120	1935	13	210	1,1	17,7
in Dosen	12	0,051	360	7059	162	3176	10	196	69	1353	15	294	0,7	13,7
Birkenpilz	20	0,085	2	24	346	4071	9	106	115	1353	*	*	1,6	18,8
Morchel (Speise-)	31	0,130	2	15	390	3000	11	85	162	1246	11	85	1,2	9,2

Werte stellen das Mittel handelsüblicher Produkte dar. Sie wurden teils analytisch, teils durch Berechnung ermittelt. + = in Spuren, * = keine Daten

Mineralstoffgehalt und Mineralstoffdichte ausgewählter Lebensmittel

M

LEBENSMITTEL (verzehrbarer Anteil)	Brennwert		Natrium		Kalium		Calcium		Phosphor		Magnesium		Eisen	
	kcal/ 100 g	MJ/ 100 g	Gehalt mg/ 100 g	Dichte mg/ MJ	Gehalt mg/ 100 g	Dichte mg/ MJ	Gehalt mg/ 100 g	Dichte mg/ MJ	Gehalt mg/ 100 g	Dichte mg/ MJ	Gehalt mg/ 100 g	Dichte mg/ MJ	Gehalt Mg/ 100 g	Dichte mg/ MJ
Pfifferling	23	0,096	3	31	507	5281	8	83	44	458	14	146	6,5	67,7
getrocknet	261	1,094	32	29	5370	4909	85	78	581	531	*	*	17,2	15,7
in Dosen	33	0,138	165	1196	155	1123	5	36	33	239	6	43	1,0	7,2
Reizker	27	0,112	6	54	310	2768	6	54	74	661	8	71	1,3	11,6
Steinpilz	34	0,142	6	42	486	3423	23	162	115	810	12	85	1,0	7,0
getrocknet	282	1,180	14	12	2000	1695	34	29	642	544	*	*	8,4	7,1
Trüffel	56	0,235	77	328	526	2238	24	102	62	264	24	102	3,5	14,9
Obst und Obstprodukte														
Ananas, roh	57	0,240	2	8	172	717	16	67	9	38	17	71	0,4	1,7
in Dosen, extra heavy	95	0,399	1	3	75	188	12	30	6	15	8	20	0,3	0,8
Saft, ungesüßt	56	0,235	1	4	149	634	15	64	9	38	*	*	0,3	1,3
Apfel, geschält, roh	52	0,219	2	9	144	658	7	32	11	50	6	27	0,4	1,8
ungeschält, roh	50	0,208	1	5	144	692	7	34	10	48	*	*	0,3	1,4
Gelee	257	1,075	15	14	49	46	10	9	3	3	*	*	*	*
getrocknet (geschwefelt)	264	1,103	10	9	622	564	31	28	51	46	*	*	1,4	1,3
Mus, ungezuckert	79	0,332	2	6	114	289	4	12	6	18	10	30	0,4	1,2
Saft	47	0,197	2	10	109	553	7	36	8	41	4	20	0,3	1,5
Apfelsine, roh	44	0,183	1	5	189	1033	42	230	22	120	14	77	0,4	2,2
Konfitüre	243	1,018	11	11	53	52	32	31	5	5	*	*	*	*
Saft, frisch gepreßt	47	0,195	1	5	157	805	11	56	16	82	12	62	0,2	1,0
Saft-Konzentrat	239	0,998	5	5	674	675	34	34	86	86	83	83	1,3	1,3
Saft, ungesüßte Handelsware	49	0,203	1	5	186	916	13	64	17	84	12	59	0,3	1,5
Aprikosen, roh	47	0,197	2	10	280	1421	17	86	22	112	9	46	0,6	3,0
getrocknet (geschwefelt)	257	1,073	11	10	1370	1277	82	76	111	103	50	47	5,0	4,7
in Dosen, heavy sirup	71	0,298	13	44	215	721	11	37	15	50	9	30	0,7	2,3
Aprikosen, Nektar, ca. 40% Fruchtanteil	60	0,250	+	+	151	604	9	36	12	48	*	*	0,2	0,8
Avocado, roh	223	0,932	3	3	503	540	10	11	38	41	29	31	0,6	0,6
Acerola, roh	24	0,102	5	49	83	814	12	118	11	108	0	0	0,2	2,0
Konzentrat, fest	261	1,093	210	192	2330	2132	1	1	212	194	+	+	+	+
Saft	22	0,092	3	33	*	*	10	109	9	98	*	*	0,5	5,4
Banane, roh	81	0,341	1	3	382	1120	8	23	27	79	36	106	0,7	2,1
getrocknet	326	1,362	4	3	1477	1084	32	23	104	76	*	*	2,8	2,1
Birne, roh	46	0,193	2	10	128	663	9	47	13	67	8	41	0,3	1,6
in Dosen, heavy sirup	76	0,319	4	13	75	235	6	19	8	25	4	13	0,3	0,9
Nektar, 40% Fruchtanteil	55	0,228	1	4	39	171	3	13	5	22	*	*	0,1	0,4
Brombeere, roh	49	0,203	2	10	180	887	44	217	30	148	30	148	0,9	4,4
Saft	38	0,158	1	6	170	1076	12	76	12	76	*	*	0,9	5,7

Werte stellen das Mittel handelsüblicher Produkte dar. Sie wurden teils analytisch, teils durch Berechnung ermittelt. + = in Spuren, * = keine Daten

Mineralstoffgehalt und Mineralstoffdichte ausgewählter Lebensmittel

LEBENSMITTEL (verzehrbarer Anteil)	Brennwert kcal/ 100 g	Brennwert MJ/ 100 g	Natrium Gehalt mg/ 100 g	Natrium Dichte mg/ MJ	Kalium Gehalt mg/ 100 g	Kalium Dichte mg/ MJ	Calcium Gehalt mg/ 100 g	Calcium Dichte mg/ MJ	Phosphor Gehalt mg/ 100 g	Phosphor Dichte mg/ MJ	Magnesium Gehalt mg/ 100 g	Magnesium Dichte mg/ MJ	Eisen Gehalt Mg/ 100 g	Eisen Dichte mg/ MJ
Cherimoya (Anone)	63	0,264	*	*	*	*	15	57	40	151	*	*	0,6	2,3
Dattel, getrocknet	273	1,143	18	16	649	568	61	53	60	52	50	44	2,5	2,2
Ebereschenfrucht, süß, roh	87	0,365	+	+	234	641	42	115	33	90	17	47	2,0	5,5
Erdbeere, roh	33	0,138	2	14	156	1130	24	174	25	181	15	109	1,0	7,2
in Dosen, gesüßt	77	0,321	4	12	59	148	12	37	16	50	4	12	1,9	5,9
in Dosen, ungesüßt	23	0,094	1	11	111	1181	14	149	14	149	*	*	0,7	7,4
tiefgefroren	33	0,137	2	16	156	1139	24	175	25	182	15	109	1,0	7,3
Feige, roh	60	0,253	2	8	217	858	54	213	32	126	20	79	0,6	2,4
getrocknet	243	1,018	37	36	850	835	190	187	108	106	70	69	3,2	3,1
Granatapfelsaft, roh, frisch	47	0,198	1	5	200	1010	3	15	8	40	3	15	0,2	1,0
Grapefruit, roh	43	0,182	2	11	180	989	18	99	16	88	10	55	0,4	2,2
Saft	39	0,164	2	12	129	787	8	49	13	79	9	55	0,3	1,8
Saft in Dosen, ungesüßt	48	0,201	1	5	149	741	8	40	13	65	8	40	0,5	2,5
Saft in Dosen, gesüßt	58	0,241	+	+	149	618	8	33	13	54	7	29	0,4	1,7
Guavas in Dosen, mit Sirup	65	0,273	7	26	120	440	8	29	11	40	6	22	*	*
Hagebutten, Konfitüre	257	1,076	5	5	165	153	71	66	*	*	*	*	*	*
Heidelbeeren, roh	87	0,362	1	3	73	202	13	36	11	30	2	6	0,9	2,5
in Dosen, ungesüßt	39	0,164	1	6	60	366	11	67	8	49	*	*	0,7	4,3
in Dosen, gesüßt	81	0,337	2	6	63	187	9	27	11	33	2	6	1,5	4,5
tiefgefroren, ungesüßt	83	0,349	1	3	70	201	10	29	11	32	*	*	0,8	2,3
Himbeeren, roh	32	0,134	1	7	169	1261	40	299	44	328	30	224	1,0	7,5
Gelee	254	1,063	*	*	72	68	*	*	5	5	*	*	*	*
Himbeeren, in Dosen, gesüßt	76	0,318	7	22	92	289	18	57	13	41	13	41	1,8	5,7
in Dosen, ungesüßt	26	0,108	1	9	114	1056	15	139	15	139	*	*	0,6	5,6
Saft, frisch gepreßt	30	0,124	3	24	153	1234	18	145	13	105	16	129	2,6	21,0
tiefgefroren	31	0,131	1	8	165	1260	40	305	44	336	30	229	1,0	7,6
Holunderbeeren, schwarz, roh	45	0,186	1	5	303	1629	37	199	57	306	*	*	1,6	8,6
Saft	38	0,159	1	6	288	1811	5	31	45	283	*	*	*	*
Honigmelone, roh – Fruchtfleisch	53	0,221	20	90	330	1493	6	27	21	95	13	59	0,2	0,9
Johannisbeeren, rot	38	0,158	1	6	238	1506	29	184	27	171	13	82	0,9	5,7
schwarz	49	0,205	3	15	341	1663	53	259	40	195	17	83	1,2	5,9
weiß	40	0,169	2	12	268	1586	30	178	23	136	9	53	1,0	5,9
Gelee, rot	262	1,096	4	4	80	73	6	5	*	*	*	*	*	*
Saft, rot	50	0,208	+	+	110	529	7	34	7	34	*	*	0,3	1,4
Saft, schwarz	54	0,224	5	22	98	438	15	67	10	45	*	*	0,3	1,3
Kaki	71	0,298	4	13	150	503	10	34	20	67	8	27	0,3	1,0
Kirschen, süß, roh[a]	59	0,246	3	12	210	854	20	81	20	81	15	61	0,4	1,6
in Dosen	83	0,347	2	6	131	378	12	35	14	40	21	61	0,5	1,4

Werte stellen das Mittel handelsüblicher Produkte dar. Sie wurden teils analytisch, teils durch Berechnung ermittelt. + = in Spuren, * = keine Daten a = ohne Schale und Kerne

Mineralstoffgehalt und Mineralstoffdichte ausgewählter Lebensmittel

M

LEBENSMITTEL (verzehrbarer Anteil)	Brennwert		Natrium		Kalium		Calcium		Phosphor		Magnesium		Eisen	
	kcal/ 100 g	MJ/ 100 g	Gehalt mg/ 100 g	Dichte mg/ MJ	Gehalt mg/ 100 g	Dichte mg/ MJ	Gehalt mg/ 100 g	Dichte mg/ MJ	Gehalt mg/ 100 g	Dichte mg/ MJ	Gehalt mg/ 100 g	Dichte mg/ MJ	Gehalt Mg/ 100 g	Dichte mg/ MJ
Kirschen, sauer, roh	50	0,209	2	10	114	545	8	38	13	62	8	38	0,5	2,4
Korinthe, schwarz und rot, getrocknet	259	1,085	20	18	710	654	95	88	40	37	36	33	1,8	1,7
Loganbeere, roh, ganze Frucht	18	0,075	3	40	260	3467	35	467	24	320	25	333	1,4	18,7
in Dosen	107	0,449	1	2	97	216	18	40	23	51	11	24	1,4	3,1
Mandarinen, roh	45	0,188	2	11	210	1117	37	197	19	101	11	59	0,4	2,1
Saft	43	0,178	1	6	158	888	19	107	15	84	*	*	0,2	1,1
Saft, Handelsware, ungesüßt	44	0,184	1	5	158	859	18	98	14	76	*	*	0,2	1,1
Mango, roh	56	0,234	7	30	190	812	10	43	13	56	18	77	0,5	2,1
in Dosen	82	0,345	3	9	100	290	10	29	10	29	7	20	0,4	1,2
Maulbeere, roh, ganze Frucht	38	0,157	2	13	260	1656	36	229	48	306	15	96	1,6	10,2
Melone, grün, rund, roh[a]	25	0,105	14	133	320	3048	19	181	30	286	20	190	0,8	7,6
Mirabellen, roh[b]	67	0,279	1	4	230	824	12	43	33	118	15	54	0,5	1,8
Mispel, roh – Fruchtfleisch	44	0,186	6	32	250	1344	30	161	28	150	11	59	0,5	2,7
Moosbeeren, roh	39	0,164	2	12	90	549	14	85	10	61	7	43	0,9	5,5
Nektarine, roh, ohne Stein	53	0,223	9	40	270	1211	4	18	24	108	13	58	0,5	2,2
Olive, grün, mariniert	131	0,549	2250	4098	49	89	96	175	17	31	*	*	1,7	3,1
schwarz, „griechische Art“	351	1,467	3288	2241	*	*	*	*	29	20	*	*	*	*
Passionsfrucht, roh, ohne Schale	66	0,278	28	101	350	1259	16	58	54	194	39	140	1,1	4,0
Pfirsich, roh	39	0,161	1	6	204	1267	8	50	21	130	9	56	0,5	3,1
getrocknet	278	1,161	13	11	1145	986	46	40	122	105	54	47	6,5	5,6
in Dosen, heavy sirup	69	0,287	3	10	130	453	4	14	13	45	5	17	0,3	1,0
Pflaumen, roh[b]	51	0,213	2	9	221	1038	14	66	18	85	10	47	0,4	1,9
getrocknet	236	0,988	8	8	824	834	41	41	73	74	27	27	2,3	2,3
in Dosen	71	0,297	12	40	118	397	10	34	14	47	*	*	1,1	3,7
Preiselbeeren, roh	30	0,125	2	16	77	616	14	112	10	80	6	46	0,5	4,0
in Dosen, gesüßt	182	0,763	16	21	69	90	11	14	8	10	10	13	2,7	3,5
in Dosen, ungesüßt	34	0,143	9	63	72	503	13	91	14	98	10	70	1,5	10,5
Quitten, roh	38	0,157	3	19	199	1268	11	70	19	121	8	51	0,7	4,5
Reineclaude, roh[b]	57	0,239	1	4	243	1017	13	54	25	105	10	42	1,1	4,6
Rosinen, getrocknet, ohne Kerne	281	1,174	21	18	860	733	31	26	110	94	15	13	0,3	0,3
Sanddornbeeren, roh	90	0,378	4	11	133	352	42	111	9	24	30	80	0,4	1,1
Saft	44	0,182	6	33	209	1148	*	*	*	*	9	49	*	*
Stachelbeeren, roh	47	0,195	1	5	179	918	24	123	30	154	15	77	0,6	3,1
in Dosen, heavy sirup	90	0,377	1	3	98	260	11	29	9	24	*	*	0,3	0,8
Sultaninen, getrocknet, ganze Frucht	266	1,113	53	48	860	773	52	47	95	85	35	31	1,8	1,6
Wassermelone	35	0,146	1	7	158	1082	15	103	15	103	3	21	0,4	2,7
Weintrauben, roh	73	0,306	3	10	183	598	15	49	20	65	9	25	0,5	1,6
getrocknet (Rosinen)	267	1,118	144	129	630	564	31	28	100	89	65	58	2,7	2,4

Werte stellen das Mittel handelsüblicher Produkte dar. Sie wurden teils analytisch, teils durch Berechnung ermittelt. + = in Spuren, * = keine Daten

a = ohne Schale und Kerne
b = mindestens 85% der Ware sind verzehrbar

Mineralstoffgehalt und Mineralstoffdichte ausgewählter Lebensmittel

LEBENSMITTEL (verzehrbarer Anteil)	Brennwert		Natrium		Kalium		Calcium		Phosphor		Magnesium		Eisen	
	kcal/ 100 g	MJ/ 100 g	Gehalt mg/ 100 g	Dichte mg/ MJ	Gehalt mg/ 100 g	Dichte mg/ MJ	Gehalt mg/ 100 g	Dichte mg/ MJ	Gehalt mg/ 100 g	Dichte mg/ MJ	Gehalt mg/ 100 g	Dichte mg/ MJ	Gehalt Mg/ 100 g	Dichte mg/ MJ
Weintrauben, Saft	69	0,290	3	10	132	455	12	41	12	41	9	31	0,4	1,4
Zitronen, roh, geschält	40	0,168	3	18	144	857	19	113	16	95	28	167	0,6	3,6
Saft	35	0,148	2	14	142	959	11	74	12	81	10	68	0,2	1,4

Süßwaren und Süßspeisen

SÜSSWAREN														
Bienenhonig, im Durchschnitt	325	1,361	7	5	45	33	5	4	20	15	3	2	1,0	0,7
Brotaufstrich auf Nußbasis	529	2,213	44	20	442	200	130	59	201	91	59	27	3,9	1,8
Kakaopulver, stark entölt	272	1,142	60	53	1500	1313	190	166	740	648	500	438	12,0	10,5
Kokosflocken	444	1,858	18	10	195	105	10	5	50	27	20	11	1,2	0,6
Konfitüre, im Durchschnitt	266	1,119	10	9	15	13	10	9	15	13	10	9	+	
Marzipan	453	1,895	50	26	210	111	90	47	220	116	120	63	2,0	1,1
Nougat	500	2,092	3	1	155	74	75	36	125	60	65	31	3,0	1,4
Schokolade, halbbitter	507	2,122	15	7	450	212	60	28	220	104	150	71	3,0	1,4
Vollmilchschokolade	526	2,200	95	43	400	182	245	111	235	107	40	18	3,0	1,4
mit Haselnüssen (20%)	556	2,335	80	34	440	188	240	103	250	107	65	28	3,0	1,3
Zucker	400	1,680	+	+	2	1	2	1	+	+	+	+	+	+

Getränke

ALKOHOLISCHE GETRÄNKE														
Altbier (5°)[a]	43	0,180	*	*	49	272	4	22	29	161	11	61	+	+
Apfelwein (5°)	37	0,155	1	6	120	774	10	65	7	45	5	32	0,5	3,2
Bockbier, hell, untergärig (7°)[a]	62	0,259	3	12	72	278	4	15	50	193	12	46	+	+
Dessertweine (16°–18°)	160	0,672	2	3	100	149	10	15	10	15	8	12	0,5	0,7
Doppelbockbier, dunkel (8°)[a]	69	0,289	2	7	79	273	3	10	51	176	13	45	+	+
Exportbier, hell (5°)[a]	47	0,195	2	10	51	262	3	15	36	185	10	51	+	+
Fruchtwein (8°–10°)	74	0,311	2	6	100	322	10	32	6	19	*	*	0,5	1,6
Fruchtdessertwein (13°–14°)	127	0,533	2	4	100	188	10	19	6	11	*	*	0,5	0,9
Lagerbier (Vollbier), hell (5°)[a]	43	0,178	2	11	46	258	2	11	32	180	8	45	+	+
Pilsener Lagerbier (5°)[a]	43	0,178	3	17	50	281	4	22	31	174	10	56	+	+
Qualitätswein, weiß (10°–12°)	79	0,332	1	3	110	331	10	30	12	36	10	30	0,5	1,5
rot (10°–12°)	74	0,311	1	3	120	386	10	32	15	48	12	39	0,5	1,6
Sekt (11°–12°)	83	0,349	3	9	50	143	10	29	10	29	8	23	0,5	1,4
Tafelwein, weiß (9°–10°)	65	0,273	1	4	90	330	10	37	10	37	8	29	0,5	1,8
Weizenvollbier, hefefrei (5°)[a]	46	0,190	3	16	49	258	3	16	31	163	10	53	+	+
Weizenvollbier, hefehaltig (5°)[a]	46	0,190	2	11	44	232	3	16	32	168	8	42	+	+
ALKOHOLFREIE GETRÄNKE[b]														
Cola	44	0,185	6	32	1	5	4	22	14	76	*	*	*	*

Werte stellen das Mittel handelsüblicher Produkte dar. Sie wurden teils analytisch, teils durch Berechnung ermittelt. + = in Spuren, * = keine Daten a = Quelle: Prof. Dr. A. Piendel, persönliche Mitteilung, Freising-Weihenstephan, 1988; die Höhe des Alkoholgehalts, ausgedrückt in Volumenprozent (X°), wurde auf der Basis von Angaben in g/100 g errechnet. b = Fruchtsäfte siehe unter Obst.

S

Empfehlungen der DGE für die Vitaminzufuhr

in absoluten Zahlen (mg beziehungsweise µg pro Tag) und in Vitamindichten (mg beziehungsweise µg pro MJ)

Nährstoff	Empfehlung	Männer[a]		Frauen[a]					Kinder und Jugendliche[a]							
											männlich			weiblich		
		L_1	L_2	L_1	L_2	Sch_1	Sch_2	St	4–6 J	7–9 J	10–12 J	13–14 J	15–18 J	10–12 J	13–14 J	15–18 J
Vitamin A	mg/Tag	1,0	1,0	0,8	0,8	0,8	1,1	1,8	0,7	0,8	0,9	1,1	1,1	0,9	1,0	0,9
	mg/MJ	0,09	0,10	0,09	0,09	0,09	0,11	0,15	0,11	0,10	0,09	0,10	0,09	0,10	0,10	0,09
Vitamin D	µg/Tag	5	5	5	5	5	10	10	10	10	10	10	10	10	10	10
	µg/MJ	0,45	0,50	0,56	0,59	0,56	0,98	0,83	1,54	1,25	1,05	0,87	0,80	1,11	0,95	1,00
Vitamin E	mg/Tag	12	12	12	12	12	14	17	7	8	10	12	12	10	12	12
	mg/MJ	1,1	1,2	1,3	1,4	1,4	1,4	1,4	1,1	1,0	1,1	1,0	1,0	1,1	1,1	1,2
Vitamin B_1	mg/Tag	1,4	1,3	1,2	1,1	1,2	1,5	1,7	0,8	1,0	1,2	1,4	1,5	1,1	1,3	1,3
	mg/MJ	0,13	0,13	0,13	0,13	0,13	0,15	0,14	0,12	0,13	0,13	0,12	0,12	0,11	0,12	0,13
Vitamin B_2	mg/Tag	1,7	1,7	1,5	1,5	1,5	1,8	2,3	1,0	1,3	1,5	1,6	1,8	1,4	1,5	1,7
	mg/MJ	0,15	0,17	0,17	0,18	0,17	0,18	0,19	0,15	0,16	0,16	0,14	0,14	0,16	0,14	0,17
Niacin	mg/Tag	18	18	15	15	15	17	20	11	13	15	19	20	14	17	16
	mg/MJ	1,6	1,8	1,7	1,8	1,7	1,7	1,7	1,7	1,6	1,6	1,7	1,6	1,6	1,6	1,6
Vitamin B_6	mg/Tag	1,8	1,8	1,6	1,6	1,8	2,6	2,2	1,3	1,4	1,6	2,0	2,1	1,4	1,6	1,8
	mg/MJ	0,16	0,18	0,18	0,19	0,18	0,25	0,18	0,20	0,18	0,17	0,17	0,17	0,16	0,15	0,18
Folsäure-Äquivalente	µg/Tag	160	160	160	160	320	320	240	120	120	160	160	160	160	160	160
	µg/MJ	15	16	18	19	36	31	20	18	15	17	14	13	18	15	16
Pantothensäure	mg/Tag	8	8	8	8	8	10	11	5	6	6	8	8	6	8	8
	mg/MJ	0,7	0,8	0,9	0,9	0,9	1,0	0,9	0,8	0,7	0,6	0,7	0,6	0,7	0,8	0,8
Vitamin B_{12}	µg/Tag	5	5	5	5	5	6	6	3	5	5	5	5	5	5	5
	µg/MJ	0,45	0,50	0,56	0,59	0,56	0,59	0,50	0,46	0,63	0,53	0,43	0,40	0,56	0,48	0,50
Vitamin C	mg/Tag	75	75	75	75	75	100	125	60	65	70	75	75	70	75	75
	mg/MJ	7	7	8	9	8	10	10	9	8	7	7	6	8	7	7

[a] = Berücksichtigt sind die neuesten Empfehlungen der DGE (1985).

L_1 = Leichtarbeiter (19–35 Jahre) männlich: 2600 kcal (= 11,0 MJ) weiblich: 2200 kcal (= 9,0 MJ)

L_2 = Leichtarbeiter (36–50 Jahre) 2400 kcal (= 10,0 MJ) 2000 kcal (= 8,5 MJ)

Sch_1 = Schwangere, bis zum 4. Schwangerschaftsmonat empfohlene Mehrzufuhr: 0 kcal gegenüber der empfohlenen Energiezufuhr für Frauen mit überwiegend sitzender Beschäftigung bis 35 Jahre = 2200 kcal (= 9 MJ).

Sch_2 = Schwangere, ab dem 4. Schwangerschaftsmonat, empfohlene Mehrzufuhr: 300 kcal (= 1,2 MJ) gegenüber der empfohlenen Energiezufuhr für Frauen mit überwiegend sitzender Beschäftigung bis 35 Jahre = 2500 kcal (= 10,2 MJ).

St = Stillende, empfohlene Mehrzufuhr: bis 700 kcal (= 3,0 MJ) gegenüber der empfohlenen Energiezufuhr für Frauen mit überwiegend sitzender Beschäftigung bis 35 Jahre = bis 2900 kcal (= 12,0 MJ).

Kinder 4–6 Jahre: 1500 kcal (= 6,5 MJ)

Kinder 7–9 Jahre: 1900 kcal (= 8,0 MJ)

Kinder 10–12 Jahre: männlich: 2300 kcal (= 9,5 MJ) weiblich: 2200 kcal (= 9,0 MJ)

Jugendliche 13–14 Jahre: 2700 kcal (= 11,5 MJ) 2500 kcal (= 10,5 MJ)

Jugendliche 15–18 Jahre: 3000 kcal (= 12,5 MJ) 2400 kcal (= 10,0 MJ)

Empfehlungen der DGE für die Mineralstoffzufuhr

in absoluten Zahlen (g, mg beziehungsweise µg pro Tag) und in Mineralstoffdichten (g beziehungsweise mg pro MJ)

Nährstoff	Empfehlung	Männer[a]		Frauen[a]					Kinder und Jugendliche[a]							
											männlich			weiblich		
		L_1	L_2	L_1	L_2	Sch_1	Sch_2	St	4–6 J	7–9 J	10–12 J	13–14 J	15–18 J	10–12 J	13–14 J	15–18 J
Natrium	g/Tag	2,5	2,5	2,5	2,5	2,5	2,5	2,5	1,5	1,5	1,5	1,5	1,5	1,5	1,5	1,5
	g/MJ	0,23	0,25	0,28	0,29	0,28	0,25	0,21	0,23	0,19	0,16	0,13	0,12	0,17	0,14	0,15
Kalium	g/Tag	3,5	3,5	3,5	3,5	3,5	3,5	3,5	1,5	1,5	2,0	2,0	3,5	2,0	2,0	3,5
	g/MJ	0,32	0,35	0,39	0,41	0,39	0,34	0,29	0,23	0,19	0,21	0,17	0,28	0,22	0,19	0,35
Calcium	mg/Tag	800	800	800	800	1200	1200	1200	700	800	1000	1000	900	900	900	800
	mg/MJ	73	80	89	94	133	118	100	108	100	105	87	72	100	86	80
Phosphor	mg/Tag	800	800	800	800	1000	1000	1000	700	800	1000	1000	900	900	900	800
	mg/MJ	73	80	80	89	111	98	83	108	100	105	87	72	100	86	80
Magnesium	mg/Tag	350	350	300	300	300	400	450	200	220	280	330	400	250	300	350
	mg/MJ	32	35	33	35	33	39	37	31	28	29	29	32	28	29	35
Eisen	mg/Tag	12	12	18	18	25	25	22	8	10	12	12	12	18	18	18
	mg/MJ	1,1	1,2	2,0	2,1	2,8	2,5	2,0	1,2	1,3	1,3	1,0	1,0	2,0	1,7	1,8
Jod	µg/Tag	200	180	200	180	230	230	260	120	140	180	200	200	180	200	200
	µg/MJ	18	18	22	21	26	25	23	18	17	19	17	16	20	19	20
Fluor	mg/Tag	1,0	1,0	1,0	1,0	1,0	1,0	1,0	0,75	1,0	1,0	1,0	1,0	1,0	1,0	1,0
	mg/MJ	0,09	0,10	0,11	0,12	0,1	0,1	0,08	0,12	0,13	0,11	0,09	0,08	0,11	0,10	0,10
Mangan	mg/Tag	3,5	3,5	3,5	3,5	3,5	3,5	3,5	1,5	1,5	1,5	1,5	3,5	1,5	1,5	3,5
	mg/MJ	0,32	0,35	0,39	0,41	0,39	0,34	0,29	0,23	0,19	0,16	0,13	0,28	0,17	0,14	0,35
Kupfer	mg/Tag	3,0	3,0	3,0	3,0	3,0	3,0	3,0	1,5	1,5	1,5	1,5	3,0	1,5	1,5	3,0
	mg/MJ	0,27	0,30	0,33	0,35	0,33	0,29	0,25	0,23	0,19	0,16	0,13	0,24	0,17	0,14	0,30
Zink	mg/Tag	15	15	15	15	15	25	25	10	12	12	15	15	12	15	15
	mg/MJ	1,4	1,5	1,7	1,8	1,7	2,5	2,1	1,5	1,5	1,3	1,3	1,2	1,3	1,4	1,5

= Berücksichtigt sind die neuesten Empfehlungen der DGE (1985).

S

L_1 = Leichtarbeiter (19–35 Jahre) männlich: 2600 kcal (= 11,0 MJ) weiblich: 2200 kcal (= 9,0 MJ)

L_2 = Leichtarbeiter (36–50 Jahre) 2400 kcal (= 10,0 MJ) 2000 kcal (= 8,5 MJ)

Sch_1 = Schwangere, bis zum 4. Schwangerschaftsmonat empfohlene Mehrzufuhr: 0 kcal gegenüber der empfohlenen Energiezufuhr für Frauen mit überwiegend sitzender Beschäftigung bis 35 Jahre = 2200 kcal (= 9,0 MJ).

Sch_2 = Schwangere, ab dem 4. Schwangerschaftsmonat, empfohlene Mehrzufuhr: 300 kcal (= 1,2 MJ) gegenüber der empfohlenen Energiezufuhr für Frauen mit überwiegend sitzender Beschäftigung bis 35 Jahre = 2500 kcal (= 10,2 MJ).

St = Stillende, empfohlene Mehrzufuhr: bis 700 kcal (bis 3,0 MJ) gegenüber der empfohlenen Energiezufuhr für Frauen mit überwiegend sitzender Beschäftigung bis 35 Jahre = bis 2900 kcal (= 12,0 MJ).

Kinder 4–6 Jahre: 1500 kcal (= 6,5 MJ)

Kinder 7–9 Jahre: 1900 kcal (= 8,0 MJ)

Kinder 10–12 Jahre: männlich: 2300 kcal (= 9,5 MJ) weiblich: 2200 kcal (= 9,0 MJ)

Jugendliche 13–14 Jahre: 2700 kcal (= 11,5 MJ) 2500 kcal (= 10,5 MJ)

Jugendliche 15–18 Jahre: 3000 kcal (12,5 MJ) 2400 kcal (= 10,0 MJ)

S

Portionsgrößen verschiedener Lebensmittel

die als Berechnungsgrundlage für die Tabellen »Besonders reiche Vitaminquellen« (Seite 4 bis 27) und »Besonders reiche Mineralstoffquelle« (Seite 43 bis 61) dienten:

LEBENSMITTEL (verzehrbarer Anteil)	**empfohlene/übliche Verzehrmenge je Mahlzeit**	**entspricht etwa**
MILCH UND MILCH-PRODUKTE		
Trinkmilch	200 g	1 Glas
Buttermilch; Molke	200 g	1 Glas
Dickmilch	150 g oder 175 g	1 Becher
Joghurt; Kefir	150 g oder 175 g	1 Becher
Sahne, sauer	30 g	1½ Eßlöffel
Sahne, süß	30 g	3 Eßlöffel
Käse, alle Sorten	45 g	1 bis 1½ Scheiben
EIER		
Ei, Gewichts-Klasse 4	52 g	1 Stück
Eidotter	19 g	1 Stück
Eiklar	33 g	1 Stück
Ei, Gewichts-Klasse 6	43 g	1 Stück
FETTE UND ÖLE		
Streichfette	10 bis 15 g	2 bis 3 Teelöffel
Bratfette und -öle	10 bis 15 g	2 bis 3 Teelöffel
für Salat	5 g	1 Teelöffel
zum Backen	20 bis 25 g	4 bis 5 Teelöffel
Mayonnaise	20 g	
FISCHE		
Seefische	100 g bis 150 g	
Sonstige Kaltblüter	100 g bis 150 g	
Süßwasserfische	100 g bis 150 g	
Fischdauerwaren	45 g	
FLEISCH, alle Sorten	100 bis 150 g	
Innereien	100 g	
Fleisch und Wurstwaren	45 g	

LEBENSMITTEL (verzehrbarer Anteil)	**empfohlene/übliche Verzehrmenge je Mahlzeit**	**entspricht etwa**
GETREIDE		
Ganzes Korn	60 g	3 Eßlöffel
Graupen; Grieß; Grütze	60 g	3 Eßlöffel
Flocken	60 g	6 Eßlöffel
Mehle	60 g	3 Eßlöffel
Müsli	60 g	4 Eßlöffel
Keime	15 g	3 Eßlöffel
Kleie	15 g	3 Eßlöffel
Cornflakes	30 g	6 Eßlöffel
NÜSSE	10 g bis 30 g	1 bis 3 Eßlöffel
SAMEN	10 g	1 Eßlöffel
BROT		
Knäckebrot	50 g	5 Scheiben
Mischbrote	175 g	3½ Scheiben
Schrot- und Vollkornbrote	175 g	3½ Scheiben
GEMÜSE UND HÜLSENFRÜCHTE		
Gemüse zum Garen	200 g	
Gemüse für Frischkost/Salate	100 g	
Hülsenfrüchte, getrocknet	75 g	
Kräuter	10 g	2 Eßlöffel
PILZE	100 g bis 200 g	
OBST		
frisch	100 bis 200 g	
Trockenobst	35 g	
Obstsäfte	200 g	1 Glas
SÜSSWAREN		
Honig	20 g	1 Eßlöffel
Konfitüre	20 g	1 Eßlöffel
HEFEN	10 g	

Tagesplan für weibliche Erwachsene mit leichter körperlicher Tätigkeit im Alter von 19–50 Jahren (8,5 bis 9,0 MJ)[a]

Vitamin- und Mineralstoffgehalte der Tageskost – damit erreichte Ist-Vitamin- und Ist-Mineralstoffdichten.

Mögliche Aufteilung auf verschiedene Mahlzeiten:

1. und 2. Frühstück:
200 g Milch, 1 Ei, 10 g Butter, 150 g Brot, 15 g Honig, 200 g Banane, 100 g Kiwi

Mittagessen:
70 g Rindfleisch, 10 g Öl, 200 g Broccoli, 250 g Kartoffeln, 100 g Joghurt, 200 g Erdbeeren

Abendessen:
45 g Käse, 10 g Butter, 5 g Öl, 150 g Brot, 100 g Möhren

LEBENSMITTEL (verzehrbarer Anteil)[b]	Tagesportion		Vitamine in mg/Tagesportion							Mineralstoffe in mg/Tagesportion					
	g	MJ	A (µg)	E	B_1	B_2	Nia	B_6	C	Na	K	Ca	P	Mg	Fe
Kuhmilch, 1,5% Fett	200	0,390	26	+	0,06	0,36	0,2	0,08	2	98	322	246	188	24	0,2
Joghurt, 1,5% Fett	100	0,182	13	+	0,03	0,18	0,1	0,05	1	49	161	123	94	12	0,1
Emmentaler, 45% Fett i.Tr.	45	0,720	154	0,2	0,02	0,15	0,1	0,03	+	202,5	48	459	286	16	0,1
1 Ei, Gew.-Kl. 4	52	0,351	105	0,4	0,07	0,18	+	0,06	+	66	75	30	115	7	1,4
Butter	20	0,631	131	0,4	+	+	+	+	+	1	3	3	4	1	+
Sonnenblumenöl	15	0,564	1	7,5	0	*	*	*	*	*	+	*	*	*	*
Rindfleisch, Kamm	70	0,391	2	*	0,06	0,13	3,6	*	*	53	253	9	140	*	2,2
Simonsbrot	300	2,556	*	*	0,60	0,36	9,0	0,75	0	1140	1230	123	567	144	9,0
Broccoli	200	0,174	632	1,0	0,20	0,40	2,2	0,34	220	28	820	226	156	48	2,6
Kartoffeln	250	0,738	5	0,25	0,25	0,125	3,0	0,50	55	7,5	1107,5	22,5	125	62,5	2,5
Möhren	100	0,113	1100	0,6	0,06	0,05	0,6	0,10	8	60	290	37	36	17	2,1
Banane	200	0,682	76	1,0	0,10	0,12	1,4	0,74	22	2	764	16	54	72	1,4
Erdbeeren	200	0,276	26	0,4	0,06	0,12	1,2	0,12	120	4	312	48	50	30	2,0
Kiwi	100	0,210	*	*	0,02	0,05	0,4	*	100	4	295	40	31	24	0,5
Honig	15	0,204	+	*	+	0,01	+	*	+	1	7	1	3	+	+
für kleine „Extras" maximal		0,8	*	*	*	*	*	*	*	*	*	*	*	*	*
Summe		9,0	2271[c]	12[c]	1,53	2,24	21,8	2,77[c]	528[c]	1716	5688	1384	1849	458[c]	24,1
Nährstoffdichte (mg je MJ)			0,25	1,33	0,17	0,25	2,4	0,31	59	191	632	154	205	51	2,68

Tagesplan für männliche Erwachsene mit leichter körperlicher Tätigkeit im Alter von 19–50 Jahren (10,0 bis 11,0 MJ)[a]

Vitamin- und Mineralstoffgehalte der Tageskost – damit erreichte Ist-Vitamin- und Ist-Mineralstoffdichten.

Mögliche Aufteilung auf verschiedene Mahlzeiten:

1. und 2. Frühstück:
200 g Milch, 1 Ei, 10 g Butter, 175 g Brot, 300 g Obst, 20 g Honig

Mittagessen:
10 g Öl, 100 g Fleisch, 100 g Erbsen, 100 g Möhren, 300 g Kartoffeln, 100 g Joghurt, 200 g Obst

Abendessen:
10 g Butter, 5 g Öl, 45 g Käse, 175 g Brot, 100 g Tomate

LEBENSMITTEL (verzehrbarer Anteil)[b]	Tagesportion		Vitamine in mg/Tagesportion							Mineralstoffe in mg/Tagesportion					
	g	MJ	A (µg)	E	B_1	B_2	Nia	B_6	C	Na	K	Ca	P	Mg	Fe
Kuhmilch, 3,5% Fett	200	0,534	62	0,2	0,06	0,36	0,2	0,08	2	96	314	240	184	24	0,2
Joghurt, 3,5% Fett	100	0,254	31	0,1	0,03	0,18	0,1	0,05	1	48	157	120	92	12	0,1
Emmentaler, 45% Fett i.Tr.	45	0,720	154	0,2	0,02	0,15	0,1	0,03	+	202,5	48	459	286	16	0,1
1 Ei, Gew.-Kl. 4	52	0,351	105	0,4	0,07	0,18	+	0,06	+	66	75	30	115	7	1,4
Butter	20	0,631	131	0,4	+	+	+	+	+	1	3	3	4	1	+
Sonnenblumenöl	15	0,564	1	7,5	0	*	*	*	*	*	+	*	*	*	*
Schweineschnitzel	100	0,654	*	0,7	0,80	0,19	*	*	*	56	373	2	174	*	2,3
Weizenvollkornbrot	350	3,054	*	1,4	0,805	0,525	11,55	1,26	0	1330	945	220,5	927,5	322	7,0
Erbsen, grün	100	0,290	50	*	0,32	0,15	2,5	*	25	1	340	15	100	30	1,9
Kartoffeln	300	0,885	6	0,3	0,30	0,15	3,6	0,60	66	9	1329	27	150	75	3,0
Möhren	100	0,113	1100	0,6	0,06	0,05	0,6	0,10	8	60	290	37	36	17	2,1
Tomate	100	0,073	133	0,8	0,06	0,04	0,6	0,10	24	6	297	13	27	20	0,5
Apfel, ungeschält	200	0,416	*	*	0,06	0,04	0,6	0,10	24	2	288	14	20	*	0,6
Banane	200	0,682	76	1,0	0,10	0,12	1,4	0,74	22	2	764	16	54	72	1,4
Kiwi	100	0,210	*	*	0,02	0,05	0,4	*	100	4	295	40	31	24	0,5
Honig	20	0,272	+	*	0,01	0,01	+	*	+	1	9	1	4	1	0,2
für kleine „Extras" maximal		1,3	*	*	*	*	*	*	*	*	*	*	*	*	*
Summe		11,0	1849[c]	13,6[c]	2,72	2,20	21,7[c]	3,12[c]	272[c]	1885	5527	1038	2205	621[c]	21,4
Nährstoffdichte (mg je MJ)			0,17	1,24	0,25	0,20	1,97	0,28	25	171	502	94	200	56	1,95

a = Nach Empfehlungen der DGE (1985); 8,5 bis 9,0 MJ = 2000 bis 2200 kcal; 10,0 bis 11,0 MJ = 2400 bis 2600 kcal. b = Angaben beziehen sich auf rohe Lebensmittel.
c = So gekennzeichnete Summenwerte sind Mindestwerte, da für einige Lebensmittel keine Daten vorliegen. + = Nährstoff ist in Spuren vorhanden. * = keine Daten

Tagesplan für schwangere Frauen bis zum 4. Schwangerschaftsmonat (9,0 MJ)[a]

Vitamin- und Mineralstoffgehalte der Tageskost – damit erreichte Ist-Vitamin- und Ist-Mineralstoffdichten.

Mögliche Aufteilung auf verschiedene Mahlzeiten:

1. und 2. Frühstück:
200 g Milch, 30 g Käse, 10 g Butter, 150 g Brot, 15 g Honig, 200 g Apfel, 100 g Himbeeren

Mittagessen:
70 g Rindfleisch, 10 g Öl, 200 g Spinat, 250 g Kartoffeln, 100 g Joghurt, 200 g Erdbeeren

Abendessen:
30 g Käse, 10 g Butter, 5 g Öl, 150 g Brot, 30 g Leberpastete, 100 g Tomaten

LEBENSMITTEL (verzehrbarer Anteil)[b]	Tagesportion		Vitamine in mg/Tagesportion							Mineralstoffe in mg/Tagesportion					
	g	MJ	A (µg)	E	B_1	B_2	Nia	B_6	C	Na	K	Ca	P	Mg	Fe
Kuhmilch, 1,5% Fett	200	0,390	26	+	0,06	0,36	0,2	0,08	2	98	322	246	188	24	0,2
Joghurt, 1,5% Fett	100	0,182	13	+	0,03	0,18	0,1	0,05	1	49	161	123	94	12	0,1
Emmentaler, 45% Fett i.Tr.	30	0,480	103	0,1	0,015	0,10	0,6	0,02	+	135	32	306	191	10,5	0,1
Gouda, 45% Fett i.Tr.	30	0,458	78	0,15	0,01	0,06	+	0,02	+	261	23	246	133	8	0,15
Butter	20	0,631	131	0,4	+	+	+	+	+	1	3	3	4	1	+
Sonnenblumenöl	15	0,564	1	7,5	0	*	*	*	*	*	+	*	*	*	*
Rinderlende (Roastbeef)	70	0,510	10,5	0,8	0,06	0,11	3,4	*	*	52	234,5	8	110	16	1,75
Leberpastete	30	0,3945	285	0,1	0,01	0,18	1,0	*	1	221	52	3	57	4,5	1,9
Roggen	300	2,592	240	0,9	0,54	0,45	1,8	0,90	21	1581	873	129	660	210	9,0
Kartoffeln	250	0,738	5	0,25	0,25	0,125	3,0	0,50	55	7,5	1107,5	22,5	125	62,5	2,5
Spinat	200	0,146	1632	3,4	0,20	0,40	1,2	0,40	102	108	1266	252	102	116	8,2
Tomate	100	0,073	133	0,8	0,06	0,04	0,6	0,10	24	6	297	13	27	20	0,5
Apfel, ungeschält	200	0,416	*	*	0,06	0,04	0,6	0,10	24	2	288	14	20	*	0,6
Erdbeeren	200	0,276	26	0,4	0,06	0,12	1,2	0,12	120	4	312	48	50	30	2,0
Himbeeren	100	0,134	7	4,5	0,03	0,07	0,3	0,08	25	1	169	40	44	30	1,0
Honig	15	0,204	+	*	+	0,01	+	*	+	1	7	1	3	+	+
für kleine „Extras" maximal		0,8	*	*	*	*	*	*	*	*	*	*	*	*	*
Summe		9,0	2690,5	19,3[c]	1,385	2,245	14,0	2,37[c]	375[c]	2529	5147	1455	1808	545[c]	28,0
Nährstoffdichte (mg je MJ)			0,30	2,14	0,15	0,25	1,55	0,26	42	281	572	162	201	61	3,1

Tagesplan für schwangere Frauen ab dem 4. Schwangerschaftsmonat (10,2 MJ)[a]

Vitamin- und Mineralstoffgehalte der Tageskost – damit erreichte Ist-Vitamin- und Ist-Mineralstoffdichten.

Mögliche Aufteilung auf verschiedene Mahlzeiten:

1. und 2. Frühstück:
200 g Milch, 45 g Käse, 10 g Butter, 175 g Brot, 300 g Obst, 20 g Honig

Mittagessen:
10 g Öl, 100 g Fleisch, 200 g Broccoli, 300 g Kartoffeln, 100 g Joghurt, 200 g Obst

Abendessen:
10 g Butter, 5 g Öl, 45 g Leberpastete, 175 g Brot, 100 g grüne Bohnen

LEBENSMITTEL (verzehrbarer Anteil)[b]	Tagesportion		Vitamine in mg/Tagesportion							Mineralstoffe in mg/Tagesportion					
	g	MJ	A (µg)	E	B_1	B_2	Nia	B_6	C	Na	K	Ca	P	Mg	Fe
Kuhmilch, 3,5% Fett	200	0,534	62	0,2	0,06	0,36	0,2	0,08	2	96	314	240	184	24	0,2
Joghurt, 3,5% Fett	100	0,254	31	0,1	0,03	0,18	0,1	0,05	1	48	157	120	92	12	0,1
Emmentaler, 45% Fett i.Tr.	45	0,720	154	0,2	0,02	0,15	0,1	0,03	+	202,5	48	459	286	16	0,1
Butter	20	0,631	131	0,4	+	+	+	+	+	1	3	3	4	1	+
Sonnenblumenöl	15	0,564	1	7,5	0	*	*	*	*	*	+	*	*	*	*
Rindfleisch, Kamm	100	0,558	3	*	0,09	0,19	5,2	*	*	76	362	13	200	*	3,2
Leberpastete	45	0,592	427,5	0,2	0,01	0,27	1,5	*	1	332	78	4,5	86	7	2,9
Simonsbrot	350	2,982	*	*	0,70	0,42	10,5	0,875	0	1330	1435	143,5	661,5	168	10,5
Grüne Bohnen	100	0,148	60	0,1	0,08	0,11	0,5	0,28	19	2	243	56	44	26	0,8
Kartoffeln	300	0,885	6	0,3	0,30	0,15	3,6	0,60	66	9	1329	27	150	75	3,0
Broccoli	200	0,174	632	1,0	0,20	0,40	2,2	0,34	220	28	820	226	156	48	2,6
Banane	200	0,682	76	1,0	0,10	0,12	1,4	0,74	22	2	764	16	54	72	1,4
Erdbeere	200	0,276	26	0,4	0,06	0,12	1,2	0,12	120	4	312	48	50	30	2,0
Himbeere	100	0,134	7	4,5	0,03	0,07	0,3	0,08	25	1	169	40	44	30	1,0
Honig	20	0,272	+	*	0,01	0,01	+	*	+	1	9	1	4	1	0,2
für kleine „Extras" maximal		0,8	*	*	*	*	*	*	*	*	*	*	*	*	*
Summe		10,2	1617	15,9[c]	1,69	2,55	26,8	3,20[c]	476[c]	2133[c]	6043	1397	2016	510[c]	28,0
Nährstoffdichte (mg je MJ)			0,16	1,56	0,17	0,25	2,63	0,31	47	209	592	137	198	50	2,75

a = Nach Empfehlungen der DGE (1985); 9,0 MJ = 2200 kcal; 10,2 MJ = 2500 kcal. b = Angaben beziehen sich auf rohe Lebensmittel.
c = So gekennzeichnete Summenwerte sind Mindestwerte, da für einige Lebensmittel keine Daten vorliegen. + = Nährstoff ist in Spuren vorhanden. * = keine Daten.

Tagesplan für stillende Frauen (bis maximal 12 MJ)[a]

Vitamin- und Mineralstoffgehalte der Tageskost – damit erreichte Ist-Vitamin- und Ist-Mineralstoffdichten.

Mögliche Aufteilung auf verschiedene Mahlzeiten:

1. und 2. Frühstück:
200 g Joghurt, 30 g Käse, 20 g Butter, 50 g Haferflocken, 150 g Brot, 30 g Honig, 300 g Obst

Mittagessen:
10 g Öl, 125 g Fleisch, 200 g Champignons, 100 g Möhren, 300 g Kartoffeln, 200 g Obst, 100 ml Milch

Abendessen:
5 g Öl, 20 g Butter, 150 g Brot, 60 g Käse, 100 g Paprika

LEBENSMITTEL (verzehrbarer Anteil)[b]	Tagesportion		Vitamine in mg/Tagesportion							Mineralstoffe in mg/Tagesportion					
	g	MJ	A (µg)	E	B_1	B_2	Nia	B_6	C	Na	K	Ca	P	Mg	Fe
Kuhmilch, 3,5% Fett	100	0,267	31	0,1	0,03	0,18	0,1	0,05	1	48	157	120	92	12	0,1
Joghurt, 3,5% Fett	200	0,508	62	0,2	0,06	0,36	0,2	0,10	2	96	314	240	184	24	0,2
Emmentaler, 45% Fett i.Tr.	60	0,959	206	0,2	0,03	0,20	0,1	0,04	1	270	64	612	382	21	0,2
Gouda, 45% Fett i.Tr.	30	0,458	78	0,15	0,01	0,06	+	0,02	+	261	23	246	133	8	0,15
Butter	40	1,262	261	0,9	+	0,01	+	+	+	2	6	5	8	1	+
Sonnenblumenöl	15	0,564	1	7,5	0	*	*	*	*	*	+	*	*	*	*
Putenbrust	125	0,551	*	1,1	0,06	0,10	14,1	0,575	*	57,5	416	*	*	25	1,25
Vollkornhaferflocken	50	0,7595	*	0,5	0,28	0,075	0,5	0,08	0	2	180	32,5	202,5	69,5	2,55
Roggenvollkornbrot	300	2,592	240	0,9	0,54	0,45	1,8	0,90	21	1581	873	129	660	210	9,0
Kartoffeln	300	0,885	6	0,3	0,30	0,15	3,6	0,60	66	9	1329	27	150	75	3,0
Möhren	100	0,113	1100	0,6	0,06	0,05	0,6	0,10	8	60	290	37	36	17	2,1
Paprika	100	0,083	100	3,1	0,07	0,05	0,4	0,27	140	2	213	10	26	12	0,7
Champignons	200	0,124	*	0,6	0,20	0,90	9,4	0,12	8	24	836	20	240	26	2,2
Aprikosen	100	0,197	298	0,5	0,04	0,05	0,7	0,07	10	2	280	17	22	9	0,6
Bananen	200	0,682	76	1,0	0,10	0,12	1,4	0,74	22	2	764	16	54	72	1,4
Erdbeeren	200	0,276	26	0,4	0,06	0,12	1,2	0,12	120	4	312	48	50	30	2,0
Honig	30	0,408	+	*	0,01	0,015	+	*	+	2	13,5	1,5	6	1	0,3
für kleine „Extras" maximal		1,3	*	*	*	*	*	*	*	*	*	*	*	*	*
Summe		12,0	2485[c]	18,1	1,85	2,89	34,1	3,79[c]	399[c]	2423	6170	1561[c]	2246[c]	613	25,8
Nährstoffdichte (mg je MJ)			0,21	1,51	0,15	0,24	2,84	0,32	33	202	514	130	187	51	2,15

Tagesplan für weibliche Jugendliche im Alter von 15–18 Jahren (10,0 MJ)[a]

Vitamin- und Mineralstoffgehalte der Tageskost – damit erreichte Ist-Vitamin- und Ist-Mineralstoffdichten.

Mögliche Aufteilung auf verschiedene Mahlzeiten:

1. und 2. Frühstück:
200 g Joghurt, 1 Ei, 10 g Butter, 30 g Schinken, 50 g Haferflocken, 100 g Brot, 300 g Obst

Mittagessen:
10 g Öl, 100 g Fleisch, 300 g Kartoffeln, 200 g Champignons, 100 g Milch, 200 g Obst

Abendessen:
10 g Butter, 5 g Öl, 30 g Käse, 200 g Brot, 100 g Tomate

LEBENSMITTEL (verzehrbarer Anteil)[b]	Tagesportion		Vitamine in mg/Tagesportion							Mineralstoffe in mg/Tagesportion					
	g	MJ	A (µg)	E	B_1	B_2	Nia	B_6	C	Na	K	Ca	P	Mg	Fe
Kuhmilch, 3,5% Fett	100	0,267	31	0,1	0,03	0,18	0,1	0,05	1	48	157	120	92	12	0,1
Joghurt, 3,5% Fett	200	0,508	62	0,2	0,06	0,36	0,2	0,10	2	96	314	240	184	24	0,2
Emmentaler, 45% Fett	30	0,480	103	0,1	0,015	0,10	0,6	0,02	+	135	32	306	191	10,5	0,1
1 Ei, Gew.-Kl. 4	52	0,351	105	0,4	0,07	0,18	+	0,06	+	66	75	30	115	7	1,4
Butter	20	0,631	131	0,4	+	+	+	+	+	1	3	3	4	1	+
Sonnenblumenöl	15	0,564	1	7,5	0	*	*	*	*	*	*	*	*	*	*
Rinderhackfleisch	100	0,904	0	0,4	0,09	0,15	2,1	*	*	*	199	18	190	33	2,4
Schinken, gesal. u. geko.	30	0,242	0	0	0,18	0,09	1,05	0,11	0	263	81	3	41	7	0,75
Vollkornhaferflocken	50	0,7595	*	0,5	0,28	0,075	0,5	0,08	0	2	180	32,5	202,5	69,5	2,55
Roggenvollkornbrot	300	2,592	240	0,9	0,54	0,45	1,8	0,90	21	1581	873	129	660	210	9,0
Kartoffeln	300	0,885	6	0,3	0,30	0,15	3,6	0,60	66	9	1329	27	150	75	3,0
Tomate	100	0,073	133	0,8	0,06	0,04	0,6	0,10	24	6	297	13	27	20	0,5
Champignons	200	0,124	*	0,6	0,20	0,90	9,4	0,12	8	24	836	20	240	26	2,2
Apfel, ungeschält	200	0,416	*	*	0,06	0,04	0,6	0,10	24	2	288	14	20	*	0,6
Aprikosen	100	0,197	298	0,5	0,04	0,05	0,7	0,07	10	2	280	17	22	9	0,6
Erdbeeren	200	0,276	26	0,4	0,06	0,12	1,2	0,12	120	4	312	48	50	30	2,0
für kleine „Extras" maximal		0,7	*	*	*	*	*	*	*	*	*	*	*	*	*
Summe		10,0	1136[c]	12,6	1,99	2,89	22,45	2,43[c]	276[c]	2239[c]	5256	1021	2189	534	25,4
Nährstoffdichte (mg je MJ)			0,11	1,26	0,20	0,29	2,24	0,24	28	224	526	102	219	53	2,54

a = Nach Empfehlungen der DGE (1985); 12 MJ = 2900 kcal; 10,0 MJ = 2400 kcal. b = Angaben beziehen sich auf rohe Lebensmittel.
c = So gekennzeichnete Summenwerte sind Mindestwerte, da für einige Lebensmittel keine Daten vorliegen. + = Nährstoff ist in Spuren vorhanden. * = keine Daten.

Tagesplan für männliche Jugendliche im Alter von 15–18 Jahren (12,5 MJ)[a]

Vitamin- und Mineralstoffgehalte der Tageskost – damit erreichte Ist-Vitamin- und Ist-Mineralstoffdichten.

S

Mögliche Aufteilung auf verschiedene Mahlzeiten:
1. und 2. Frühstück:
150 g Joghurt, 30 g Käse, 20 g Butter, 50 g Haferflocken, 100 g Brot, 30 g Honig, 100 g Aprikose, 200 g Erdbeeren

Mittagessen:
10 g Öl, 125 g Putenbrust, 100 g Paprika, 100 g Tomate, 300 g Kartoffeln, 100 g Milch, 200 g Banane

Abendessen:
60 g Käse, 20 g Butter, 5 g Öl, 60 g Reis, 30 g Fleischwurst, 100 g Erbsen, 100 g Brot, 50 g Joghurt

LEBENSMITTEL (verzehrbarer Anteil)[b]	Tagesportion		Vitamine in mg/Tagesportion							Mineralstoffe in mg/Tagesportion					
	g	MJ	A (µg)	E	B_1	B_2	Nia	B_6	C	Na	K	Ca	P	Mg	Fe
Kuhmilch, 3,5% Fett	100	0,267	31	0,1	0,03	0,18	0,1	0,05	1	48	157	120	92	12	0,1
Joghurt, 3,5% Fett	200	0,508	62	0,2	0,06	0,36	0,2	0,10	2	96	314	240	184	24	0,2
Emmentaler, 45% Fett i. Tr.	60	0,959	206	0,2	0,03	0,20	0,1	0,04	1	270	64	612	382	21	0,2
Gouda, 45% Fett i. Tr.	30	0,458	78	0,15	0,01	0,06	+	0,02	+	261	23	246	133	8	0,15
Butter	40	1,262	261	0,9	+	0,01	+	+	+	2	6	5	8	1	+
Sonnenblumenöl	15	0,564	1	7,5	0	*	*	*	*	*	+	*	*	*	*
Putenbrust	125	0,551	*	1,1	0,06	0,10	14,1	0,575	*	57,5	416	*	*	25	1,25
Fleischwurst	30	0,372	*	*	0,06	0,075	0,75	*	*	249	60	4	39	4	0,5
Vollkornhaferflocken	50	0,7595	*	0,5	0,28	0,075	0,5	0,08	0	2	180	32,5	202,5	69,5	2,55
Naturreis	60	0,873	0	0,7	0,25	0,05	3,1	0,40	0	6	90	14	195	94	1,6
Weizenvollkornbrot	200	1,740	*	0,8	0,46	0,30	6,6	0,72	0	760	540	126	530	184	4,0
Grüne Erbsen	100	0,290	50	*	0,32	0,15	2,5	*	25	1	340	15	100	30	1,9
Kartoffeln	300	0,885	6	0,3	0,30	0,15	3,6	0,60	66	9	1329	27	150	75	3,0
Paprika	100	0,083	100	3,1	0,07	0,05	0,4	0,27	140	2	213	10	26	12	0,7
Tomate	100	0,073	133	0,8	0,06	0,04	0,6	0,10	24	6	297	13	27	20	0,5
Aprikose	100	0,197	298	0,5	0,04	0,05	0,7	0,07	10	2	280	17	22	9	0,6
Banane	200	0,682	76	1,0	0,10	0,12	1,4	0,74	22	2	764	16	54	72	1,4
Erdbeeren	200	0,276	26	0,4	0,06	0,12	1,2	0,12	120	4	312	48	50	30	2,0
Honig	30	0,408	+	*	0,01	0,015	+	*	+	2	13,5	1,5	6	1	0,3
für kleine „Extras“ maximal		1,3	*	*	*	*	*	*	*	*	*	*	*	*	*
Summe		12,5	1328[c]	18,3[c]	2,20	2,11	35,9	3,89[c]	411[c]	1780	5399	1547[c]	2201[c]	692	21,0
Nährstoffdichte (mg je MJ)			0,11	1,46	0,18	0,17	2,87	0,31	33	142	432	124	176	55	1,68

2 Tagespläne für Reduktionsdiäten auf der Basis von maximal 1,25 MJ (= 300 kcal) – Saftfasten –

Vitamin- und Mineralstoffgehalte der Tageskost – damit erreichte Ist-Vitamin- und Ist-Mineralstoffdichten.

LEBENSMITTEL (verzehrbarer Anteil)[b]	Tagesportion		Vitamine in mg/Tagesportion							Mineralstoffe in mg/Tagesportion					
	g	MJ	A (µg)	E	B_1	B_2	Nia	B_6	C	Na	K	Ca	P	Mg	Fe
Rote-Rüben-(-Bete)-Saft	250	0,3775	*	*	*	*	*	*	7,5	500	605	5	72,5	*	*
Spinatsaft	250	0,090	*	*	0,025	0,20	0,5	*	72,5	182,5	1030	2,5	110	100	3,75
Orangensaft, frisch	250	0,4875	30	*	0,25	0,075	1,0	0,125	130	2,5	392,5	27,5	40	30	0,5
Summe		0,955	30	*	0,28	0,28	1,5	0,13	210	685	2028	35	223	130	4,3
Nährstoffdichte (mg je MJ)			0,03	*	0,29	0,29	1,57	0,14	220	717	2124	37	234	136	4,50
Tomatensaft	250	0,175	292,5	*	0,125	0,10	0,25	*	42,5	12,5	575	22,5	37,5	*	1,5
Himbeersaft, frisch gepr.	250	0,310	17,5	*	0,075	*	*	*	62,5	7,5	382,5	45	32,5	40	6,5
Traubensaft	250	0,725	*	*	0,10	0,05	0,5	0,05	2,5	7,5	330	30	30	22,5	1,0
Summe		1,210	310	*	0,30	0,15	0,8	0,05	108	28	1288	98	100	63	9,0
Nährstoffdichte (mg je MJ)			0,25	*	0,25	0,12	0,66	0,04	89	23	1064	81	83	52	7,44

a = Nach Empfehlungen der DGE (1985); 12,5 MJ = 3000 kcal. b = Angaben beziehen sich auf rohe Lebensmittel.
c = So gekennzeichnete Summenwerte sind Mindestwerte, da für einige Lebensmittel keine Daten vorliegen. + = Nährstoff ist in Spuren vorhanden. * = keine Daten.

Tagesplan für eine Reduktionsdiät auf der Basis von 2,5 MJ (= 600 kcal)

Vitamin- und Mineralstoffgehalte der Tageskost – damit erreichte Ist-Vitamin- und Ist-Mineralstoffdichten.

Mögliche Aufteilung auf verschiedene Mahlzeiten:

1. und 2. Frühstück: 50 g Quark, 30 g Knäckebrot, 10 g Schnittlauch, 50 g Erdbeeren

Mittagessen: 5 g Öl, 70 g Kabeljaufilet, 100 g Kartoffeln, 200 g Champignons, 10 g Petersilie, 50 g Erdbeeren, 100 g Joghurt

Abendessen: 5 g Öl, 20 g Knäckebrot, 30 g Camembert, 100 g Möhren

LEBENSMITTEL (verzehrbarer Anteil)[a]	Tagesportion		Vitamine in mg/Tagesportion							Mineralstoffe in mg/Tagesportion					
	g	MJ	A (µg)	E	B_1	B_2	Nia	B_6	C	Na	K	Ca	P	Mg	Fe
Magermilchjoghurt	100	0,133	1	+	0,03	0,19	0,1	0,05	1	50	163	125	96	12	0,1
Magerquark	50	0,152	1	0,05	0,02	0,155	0,1	0,05	0,5	20	47,5	46	80	6	0,2
Camembert, 30% Fett i.Tr.	30	0,259	65	0,1	0,015	0,20	0,4	0,08	+	286	36	180	162	6	0,15
Sonnenblumenöl	10	0,376	+	5,0	0	*	*	*	*	*	+	*	*	*	*
Kabeljaufilet	70	0,1995	*	*	0,035	0,035	1,4	*	1	59,5	245	8	133	13	0,35
Knäckebrot	50	0,6635	0	2,0	0,10	0,09	0,55	0,15	0	231,5	218	27,5	159	34	2,5
Kartoffeln	100	0,295	2	0,1	0,10	0,05	1,2	0,20	22	3	443	9	50	25	1,0
Möhren	100	0,113	1100	0,6	0,06	0,05	0,6	0,10	8	60	290	37	36	17	2,1
Champignons	200	0,124	*	0,6	0,20	0,90	9,4	0,12	8	24	836	20	240	26	2,2
Petersilie	10	0,025	120	*	0,01	0,03	0,1	*	17	3	100	24,5	13	4	0,8
Schnittlauch	10	0,016	5	*	0,01	0,015	0,1	*	5	+	43	13	7,5	4	0,2
Erdbeeren	100	0,138	13	0,2	0,03	0,06	0,6	0,06	62	2	156	24	25	15	1,0
Summe		2,494	1307	8,65	0,61	1,775	14,55	0,81	124,5	739	2577,5	514	1001,5	162	10,6
Nährstoffdichte (mg je MJ)			0,52	3,46	0,24	0,71	5,82	0,32	50	296	1031	206	401	65	4,2

S

Tagesplan für eine Reduktionsdiät auf der Basis von 3,35 MJ (= 800 kcal)

Vitamin- und Mineralstoffgehalte der Tageskost – damit erreichte Ist-Vitamin- und Ist-Mineralstoffdichten.

Mögliche Aufteilung auf verschiedene Mahlzeiten:

1. und 2. Frühstück: 100 g Joghurt, 50 g Magerquark, 30 g Knäckebrot, 200 g Erdbeeren, 10 g Erdbeerkonfitüre

Mittagessen: 5 g Öl, 70 g Hühnerbrust, 100 g Kartoffeln, 200 g Champignons, 10 g Petersilie, 100 g Joghurt, 100 g Aprikosen

Abendessen: 5 g Butter, 5 g Öl, 20 g Knäckebrot, 30 g Käse, 100 g Paprika, 100 g Tomaten, 10 g Schnittlauch

LEBENSMITTEL (verzehrbarer Anteil)[a]	Tagesportion		Vitamine in mg/Tagesportion							Mineralstoffe in mg/Tagesportion					
	g	MJ	A (µg)	E	B_1	B_2	Nia	B_6	C	Na	K	Ca	P	Mg	Fe
Magermilchjoghurt	200	0,266	2	+	0,06	0,38	0,2	0,10	2	100	326	250	192	24	0,2
Magerquark	50	0,152	1	0,05	0,02	0,155	0,1	0,05	0,5	20	47,5	46	80	6	0,2
Camembert, 30% Fett i.Tr.	30	0,259	65	0,1	0,015	0,20	0,4	0,08	+	286	36	180	162	6	0,15
Butter	5	0,158	33	0,1	+	+	+	+	+	+	1	1	1	+	+
Sonnenblumenöl	10	0,376	+	5,0	0	*	*	*	*	*	+	*	*	*	*
Hühnerbrust	70	0,2905	*	*	0,07	0,17	3,9	*	0	46	132	10,5	94	*	1,3
Knäckebrot	50	0,6635	0	2,0	0,10	0,09	0,55	0,15	0	231,5	218	27,5	159	34	2,5
Kartoffeln	100	0,295	2	0,1	0,10	0,05	1,2	0,20	22	3	443	9	50	25	1,0
Paprika	100	0,083	100	3,1	0,07	0,05	0,4	0,27	140	2	213	10	26	12	0,7
Tomaten	100	0,073	133	0,8	0,06	0,04	0,6	0,10	24	6	297	13	27	20	0,5
Champignons	200	0,124	*	0,6	0,20	0,90	9,4	0,12	8	24	836	20	240	26	2,2
Petersilie	10	0,025	120	*	0,01	0,03	0,1	*	17	+	43	13	7,5	4	0,2
Schnittlauch	10	0,016	5	*	0,01	0,015	0,1	*	5	2	156	24	25	15	1,0
Aprikosen	100	0,197	298	0,5	0,04	0,05	0,7	0,07	10	2	280	17	22	9	0,6
Erdbeeren	200	0,276	26	0,4	0,06	0,12	1,2	0,12	120	4	312	48	50	30	2,0
Erdbeerkonfitüre	10	0,098	*	*	+	+	+	*	1	*	6	1	1	*	*
Summe		3,35	785[b]	12,8[b]	0,82	2,25	18,9	1,26[b]	350	727	3347	670	1137	211[b]	12,6
Nährstoffdichte (mg je MJ)			0,23	16,6	0,24	0,67	5,64	0,38	104	217	999	200	339	63	3,76

a = Angaben beziehen sich auf rohe Lebensmittel.
b = So gekennzeichnete Summenwerte sind Mindestwerte, da für einige Lebensmittel keine Daten vorliegen. + = Nährstoff ist in Spuren vorhanden. * = keine Daten.

Tagesplan für eine Reduktionsdiät auf der Basis von 4,2 MJ (=1000 kcal)

Vitamin- und Mineralstoffgehalte der Tageskost – damit erreichte Ist-Vitamin- und Ist-Mineralstoffdichten.

Mögliche Aufteilung auf verschiedene Mahlzeiten:
1. und 2. Frühstück: 200 g Joghurt, 30 g Käse, 5 g Butter, 20 g Knäckebrot, 50 g Vollkornbrot, 200 g Obst, 10 g Konfitüre

Mittagessen: 10 g Öl, 70 g Rindfleisch, 200 g Broccoli, 250 g Kartoffeln, 10 g Petersilie, 100 g Milch, 200 g Obst

Abendessen: 30 g Käse, 5 g Butter, 5 g Öl, 30 g Schinken, 30 g Knäckebrot, 50 g Vollkornbrot, 100 g Paprika, 100 g Tomaten, 10 g Schnittlauch

LEBENSMITTEL (verzehrbarer Anteil)[a]	Tagesportion		Vitamine in mg/Tagesportion							Mineralstoffe in mg/Tagesportion					
	g	MJ	A (µg)	E	B1	B2	Nia	B6	C	Na	K	Ca	P	Mg	Fe
Magermilchjoghurt	200	0,266	2	+	0,06	0,38	0,2	0,10	2	100	326	250	96	12	0,1
Camembert, 30% Fett i.Tr.	30	0,259	65	0,1	0,015	0,20	0,4	0,08	+	286	36	180	162	6	0,15
Edamer, 30% Fett i.Tr.	30	0,316	45	0,1	0,02	0,105	+	0,02	+	240	28,5	240	171	18	0,2
1 Ei, Gew.-Kl. 6	43	0,291	88	0,3	0,06	0,15	+	0,05	+	54	62	26	97	6	1,3
Butter	5	0,158	33	0,1	+	+	+	+	+	+	1	1	1	+	+
Sonnenblumenöl	10	0,376	+	5,0	0	*	*	*	*	*	+	*	*	*	*
Kalbsschnitzel	70	0,290	+	*	0,13	0,21	5,25	*	1	84	248,5	10,5	144	*	2,1
Vollkornhaferflocken	50	0,7595	*	0,5	0,28	0,075	0,5	0,08	0	2	180	32,5	202,5	69,5	2,55
Knäckebrot	50	0,6635	0	2,0	0,10	0,09	0,55	0,15	0	231,5	218	27,5	159	34	2,5
Kartoffeln	100	0,295	2	0,1	0,10	0,05	1,2	0,20	22	3	443	9	50	25	1,0
Spinat	200	0,146	1632	3,4	0,20	0,40	1,2	0,40	102	108	1266	252	102	116	8,2
Champignons	100	0,062	*	0,3	0,10	0,45	4,7	0,06	4	12	418	10	120	13	1,1
Petersilie	10	0,025	120	*	0,01	0,03	0,1	*	17	+	43	13	7,5	4	0,2
Himbeeren	100	0,134	7	4,5	0,03	0,07	0,3	0,08	25	1	169	40	44	30	1,0
Pfirsich	100	0,161	73	0,6	0,03	0,05	0,9	0,03	10	1	204	8	21	9	0,5
Summe		4,2	2067	17,0	1,14	2,26	15,3	1,25	183	1123	3643	1100	1377	343	20,9
Nährstoffdichte (mg je MJ)			0,49	4,05	0,27	0,54	3,64	0,30	44	267	867	262	328	82	4,98

Tagesplan für eine Reduktionsdiät auf der Basis von 6,3 MJ (=1500 kcal)

Vitamin- und Mineralstoffgehalte der Tageskost – damit erreichte Ist-Vitamin- und Ist-Mineralstoffdichten.

Mögliche Aufteilung auf verschiedene Mahlzeiten:
1. und 2. Frühstück:
200 g Joghurt, 30 g Käse, 50 g Haferflocken, 10 g Knäckebrot, 100 g Himbeeren

Mittagessen:
5 g Öl, 70 g Kalbsschnitzel, 100 g Kartoffeln, 200 g Spinat, 100 g Pfirsich

Abendessen:
30 g Käse, 1 Ei, 40 g Knäckebrot, 5 g Butter, 5 g Öl, 100 g Champignons, 10 g Petersilie

LEBENSMITTEL (verzehrbarer Anteil)[a]	Tagesportion		Vitamine in mg/Tagesportion							Mineralstoffe in mg/Tagesportion					
	g	MJ	A (µg)	E	B1	B2	Nia	B6	C	Na	K	Ca	P	Mg	Fe
Kuhmilch, 1,5% Fett	100	0,195	13	+	0,03	0,18	0,1	0,04	1	49	161	123	94	12	0,1
Magermilchjoghurt	200	0,266	2	+	0,06	0,38	0,2	0,10	2	100	326	250	96	12	0,1
Camembert, 30% Fett i.Tr.	30	0,259	65	0,1	0,015	0,20	0,4	0,08	+	286	36	180	162	6	0,15
Edamer, 30% Fett i.Tr.	30	0,316	45	0,1	0,02	0,105	+	0,02	+	240	28,5	240	171	18	0,2
Butter	10	0,316	65	+	+	+	+	+	+	0,5	2	1	2	+	+
Sonnenblumenöl	15	0,564	1	7,5	0	+	+	+	+	+	+	+	+	+	+
Rindfleisch, Kamm	70	0,391	2	*	0,06	0,13	3,6	*	*	53	253	9	140	*	2,2
Schinken	30	0,242	0	0	0,18	0,09	1,05	0,11	0	263	81	3	41	7	0,75
Knäckebrot	50	0,6635	0	2,0	0,10	0,09	0,55	0,15	0	231,5	218	27,5	159	34	2,5
Roggenvollkornbrot	100	0,864	80	0,3	0,18	0,15	0,6	0,30	7	527	291	43	220	70	3,0
Broccoli	200	0,174	632	1,0	0,20	0,40	2,2	0,34	220	28	820	226	156	48	2,6
Kartoffeln	250	0,738	5	0,25	0,25	0,125	3,0	0,50	55	7,5	1107,5	22,5	125	62,5	2,5
Paprika	100	0,083	100	3,1	0,07	0,05	0,4	0,27	140	2	213	10	26	12	0,7
Tomaten	100	0,073	133	0,8	0,06	0,04	0,6	0,10	24	6	297	13	27	20	0,5
Petersilie	10	0,025	120	*	0,01	0,03	0,1	*	17	+	43	13	7,5	4	0,2
Schnittlauch	10	0,016	5	*	0,01	0,015	0,1	*	5	2	156	24	25	15	1,0
Banane	200	0,682	76	1,0	0,10	0,12	1,4	0,74	22	2	764	16	54	72	1,4
Pfirsich	200	0,322	146	1,2	0,06	0,10	1,8	0,06	20	2	408	16	42	18	1,0
Erdbeerkonfitüre	10	0,098	*	*	+	+	+	*	1	*	6	1	1	*	*
Summe		6,3	1490	17,35	1,41	2,21	16,1	2,81[b]	514	1800	5211	1218	1549	411[b]	18,9
Nährstoffdichte (mg je MJ)			0,24	2,75	0,22	0,35	2,56	0,45	82	286	827	193	246	65	3,0

a = Angaben beziehen sich auf rohe Lebensmittel.
b = So gekennzeichnete Summenwerte sind Mindestwerte, da für einige Lebensmittel keine Daten vorliegen. + = Nährstoff ist in Spuren vorhanden. * = keine Daten.

Anhang

Die Nährstoffdichte

Die Angabe der Nährstoffdichte ermöglicht die Qualitätsbeurteilung der Lebensmittel und des Versorgungszustandes.
Die Nahrung versorgt den Körper einerseits mit energieliefernden Nährstoffen (Proteine, Fette und Kohlenhydrate), andererseits mit einer Reihe von nichtenergieliefernden Nährstoffen. Die nichtenergieliefernden Nährstoffe werden unterteilt in essentielle, also lebensnotwendige Nährstoffe (Wasser, Vitamine und Mineralstoffe) und nichtessentielle (zum Beispiel die Ballaststoffe). Die mit der Nahrung aufgenommene Energie wird im Körper zum Teil in andere Energieformen umgewandelt, wie sie für verschiedene Körperfunktionen benötigt werden, beispielweise Muskelarbeit, Augen-, Nerven-, Zellmembranfunktion, zum Teil wird sie für den Aufbau (die Synthese) von Körpersubstanz wie Muskel-und Fettgewebe verwendet. Für beide Arten der Verwertung von Nahrungsenergie werden die nichtenergieliefernden Nahrungsbestandteile Vitamine und Mineralstoffe als „Hilfsmittel" benötigt. Deshalb braucht der Körper von den meisten Vitaminen und Mineralstoffen um so mehr, je größer die Zufuhr von Energieträgern in der Nahrung ist.
Die Beurteilung von Lebensmitteln hinsichtlich ihrer Qualität als Lieferanten bestimmter Nährstoffe ist schwierig; insbesondere wenn lediglich Angaben über den Nährstoffgehalt je 100 g Lebensmittel gemacht werden.
Zur Beurteilung der Qualität eines Lebensmittels als Nährstofflieferant erlaubt die Nährstoffdichte – das heißt: der Bezug des Nährstoffgehalts auf den Brennwert = Energiegehalt (µg, mg beziehungsweise g/MJ) – eine genauere Aussage als der übliche Bezug auf das Gewicht (µg, mg beziehungsweise g/100 g). Die Nährstoffdichte läßt sich aus vorhandenem Datenmaterial wie folgt berechnen:

$$\text{Nährstoffdichte} = \frac{\text{Nährstoffgehalt (µg, mg beziehungsweise g/100 g)}}{\text{Brennwert (MJ/100 g)}}$$

Anhand eines Beispiels soll dies verdeutlicht werden: Vergleicht man die Riboflavin-(Vitamin-B_2-)Gehalte in mg für 100 g eßbaren Anteil von Jungputern (0,14 mg/100 g) und Gänsefleisch (0,26 mg/100 g), wären Jungputer eine schlechtere Riboflavinquelle als Gänsefleisch.
Bezieht man jedoch den Riboflavingehalt jeweils auf MJ, so ergibt sich aufgrund der unterschiedlichen Brennwerte (0,752 MJ je 100 g Jungputer; 1,430 MJ je 100 g Gänsefleisch) dieselbe Riboflavindichte, nämlich 0,19 mg je MJ. In ihrer Qualität als Riboflavinlieferanten sind somit beide Fleischsorten identisch.
Gleiche Vitamin- und Mineralstoffdichten bedeuten jedoch nicht, daß mit derselben Gewichtsmenge etwa gleich viel des Nährstoffs aufgenommen werden kann, wie dies bei Jungputern und Gänsefleisch der Fall ist. So haben beispielsweise Rote Johannisbeeren mit 0,19 mg je MJ dieselbe Riboflavindichte wie Jungputer und Gänsefleisch; in 100 g Roten Johannisbeeren sind bei einem Brennwert von 0,158 MJ aber nur 0,03 mg Riboflavin enthalten. Beim Verzehr von jeweils 100 g eßbaren Anteils der genannten Lebensmittel werden also bei gleicher Riboflavindichte mit Roten Johannisbeeren 0,03 mg, mit Fleisch von Jungputern 0,14 mg und mit Gänsefleisch 0,26 mg Riboflavin zugeführt.
Die Nährstoffdichte ermöglicht also in erster Linie eine orientierende Beurteilung der Eignung eines Lebensmittels als Nährstoffquelle, da Aussagen über das Verhältnis von Brennwert und Nährstoffgehalt gemacht werden. Höchste Effizienz wird beim Vergleich der Nährstoffdichten von Lebensmitteln innerhalb derselben Lebensmittelgruppe erreicht.
Für die große GU-Vitamin- und Mineralstofftabelle wurden daher – zusätzlich zu den üblichen Gehaltsangaben je 100 g – auch die Nährstoffdichten der Lebensmittel in mg beziehungsweise µg je MJ angegeben (Seite 29 bis 42 und 64 bis 79).
Von besonderer Bedeutung ist die Nährstoffdichte auch, wenn sie für die gemischte Kost, die pro Tag zugeführt wird, berechnet wird; denn anhand des Vergleichs dieser Ist-Nährstoffdichte mit der Soll-Nährstoffdichte sind Aussagen bezüglich des wünschenswerten Versorgungszustandes des Körpers mit einem bestimmten Nährstoff möglich.

$$\text{Ist-Nährstoffdichte} = \frac{\text{Summe der Nährstoffgehalte (µg, mg bzw. g/Portion)}}{\text{Summe der Brennwerte (MJ/Portion)}}$$

Die Soll-Nährstoffdichte errechnet sich aus den Empfehlungen für die Nährstoffzufuhr, zum Beispiel den Empfehlungen der DGE für die

Energiezufuhr und die Zufuhr eines bestimmten Nährstoffes, bezogen auf MJ.
Beispielsweise liegen die DGE-Empfehlungen für die Zufuhr an Energie und Riboflavin für Frauen im Alter von 19 bis 50 Jahren mit leichter körperlicher Tätigkeit bei 8,5 bis 9,0 MJ und 1,5 mg Riboflavin pro Tag. Bezogen auf 1 MJ ergibt sich daraus für diese Personengruppe eine Soll-Riboflavindichte von 0,17 mg/MJ.
Durch den Vergleich von Ist- und Soll-Nährstoffdichte sind für die Beurteilung der Ist-Nährstoffdichte drei Ergebnisse möglich: Sie kann *minimal* (nicht ausreichend), *akzeptabel* oder *wünschenswert* sein: Die Ist-Nährstoffdichte ist *minimal,* wenn die Soll-Nährstoffdichte nicht erreicht wird. Die Folgen: Eine unzureichende Versorgung mit dem jeweiligen Nährstoff und die daraus resultierenden typischen Mangelsymptome. Die Ist-Nährstoffdichte kann als *akzeptabel* bezeichnet werden, wenn sie – ohne Berücksichtigung von Nährstoffverlusten durch Zubereitung – der Soll-Nährstoffdichte gleich ist. Ist eine akzeptable Ist-Nährstoffdichte gewährleistet, kann es auf längere Sicht nicht zu einer Nährstoffunterversorgung kommen. Die Ist-Nährstoffdichte erreicht dann die *wünschenswerte Höhe,* wenn sie – unter Berücksichtigung von Nährstoffverlusten durch Zubereitung – der Soll-Nährstoffdichte entspricht. Die wünschenswerte Ist-Nährstoffdichte ist deshalb vor allem für die Planung und Empfehlung der Nahrungsversorgung von großer Bedeutung.

Um bei dem Beispiel der Riboflavindichte zu bleiben: Die wünschenswerte Ist-Riboflavindichte für Frauen mit leichter körperlicher Tätigkeit sollte 0,17 mg je MJ betragen. Ein Tageskostplan mit der wünschenswerten Ist-Riboflavindichte für diese Personengruppe muß so zusammengestellt sein, daß seine Bestandteile eine Riboflavindichte von mindestens 0,17 mg je MJ ermöglichen. Werden Lebensmittel mit einer relativ niedrigen Riboflavindichte (zum Beispiel Hammelkotelett mit 0,12 mg je MJ) ausgewählt, sind sie mit Lebensmitteln zu kombinieren, die eine hohe Riboflavindichte haben (zum Beispiel grüne Bohnen mit 0,74 mg je MJ).

100 g Hammelkotelett	0,18 mg Riboflavin	1,454 MJ
100 g grüne Bohnen	0,11 mg Riboflavin	0,148 MJ
Summe	0,29 mg Riboflavin	1,602 MJ
Riboflavindichte	0,18 mg/MJ	

Das Beispiel zeigt, daß bereits mit 100 g grünen Bohnen das Riboflavindefizit von Hammelkotelett ausgeglichen werden kann.

Zudem wird deutlich, daß sich die Ist-Nährstoffdichte (Ist-Riboflavindichte) nicht durch Addition der Nährstoffdichten der Lebensmittel der Tageskost und Berechnung eines Mittelwertes ermitteln läßt. Vielmehr müssen die mit den Portionen tatsächlich zugeführten Nährstoffgehalte sowie die Brennwerte addiert werden; die Summen gehen dann in die Berechnung der Ist-Nährstoffdichte ein.

Bei der Auswahl von Lebensmitteln, die geeignet sind, die niedrige Nährstoffdichte (in unserem Beispiel die Riboflavindichte) eines anderen Lebensmittels auszugleichen, muß jedoch auch die tatsächlich zugeführte Portionsgröße bedacht werden.
Ein Beispiel soll dies verdeutlichen:
Petersilie, mit einer sehr hohen Riboflavindichte von 1,19 mg je MJ, scheint ohne Berücksichtigung der Portionsgröße besser geeignet, die relativ niedrige Riboflavindichte von Hammelkotelett auszugleichen, als grüne Bohnen. Petersilie wird jedoch üblicherweise nur in kleinen Portionen (10 g = 1 Bund) verzehrt. Die Riboflavindichte der Kombination 100 g Hammelkotelett und 10 g Petersilie beträgt aber nur 0,14 mg je MJ.
Um die aus der Kombination 100 g Hammelkotelett und 100 g grüne Bohnen erzielte Riboflavindichte zu erreichen, müßten 30 g (3 Bund!) Petersilie gegessen werden.

100 g Hammelkotelett	0,18 mg Riboflavin	1,454 MJ
30 g Petersilie	0,09 mg Riboflavin	0,076 MJ
Summe	0,27 mg	1,530 MJ
Riboflavindichte	0,18 mg/MJ	

Durch das letzte Rechenbeispiel wird die Bedeutung der tatsächlich verzehrten Portion offensichtlich. Dies war auch die Grundlage für die in diesem Tabellenwerk vorgenommene Bewertung der Lebensmittel als „Besonders reiche Quellen" für einen bestimmten Nährstoff (für die berücksichtigten Portionsgrößen vergleiche Seite 82).

Literatur

Adams, C. F: Nutritive Value of Foods, Agricultural Handbook No. 456, Washington D. C. (1975)

Aign, W.; Ellermeyer, K.: Beilage zur Ernährungs-Umschau, B_1–B_4, Nr. 1, 33 (1986)

American Institute of Nutrition, Nutrition Notes, Vol. 23, Nr. 2 (1987)

Bender, A. E.: Food Processing and Nutrition, Academic Press, London – New York – San Francisco (1978)

Bergner, K. G.; Gander, K. F.; Hummel, K.; Pardun, H.; Pezold, H.; Wissebach, H.: Handbuch der Lebensmittelchemie, Bd IV: Fette und Lipoide. Springer Verlag, Berlin – Heidelberg – New York (1969)

Bognár, A.: Nährstoffverluste bei der haushaltsmäßigen Zubereitung von Lebensmitteln. AID-Verbraucherdienst, Sonderdruck (1984)

Deutsche Gesellschaft für Ernährung: Empfehlungen für die Nährstoffzufuhr. Umschau Verlag, Frankfurt/Main (1985)

Elmadfa, I.; Aign, W.; Muskat, E.; Fritzsche, D.; Cremer, H.-D.: Die große GU Nährwert-Tabelle, Neuausgabe 1988/89, Gräfe und Unzer, München (1988)

Elmadfa, I.; Bosse, W.: Vitamin E.Wissenschaftliche Verlagsges. mbH, Stuttgart (1985)

Elmadfa, I; Leitzmann, C.: Ernährung des Menschen. Ulmer, Stuttgart (1987)

Elmadfa, I.: Vitaminmangel; in: Pädiatrie in Praxis und Klinik, Hrsg.: Joppich, Kleinhauer, Rossi, Stalder, Bl, Fischer/Thieme, Stuttgart (1987)

Ernährungsbericht 1988, Hrsg.: Deutsche Gesellschaft für Ernährung (DGE) e.V., Frankfurt/Main

Feely, R. M.; Cinter, P. E.; Walt, B. K.: Cholesterol Content of Foods, J. Amer. Diet. Assoc. 61, 134–148 (1972)

Gordon, L.; Robertson; Kermode, W. J.: J. Sci Food Agric., 32, 833–836 (1981)

Gröbner, W.: Ernährungstherapie der Hyperurikämie. Ern. Umsch. 32, 391–393 (1985)

Gutschmidt, J.: Das Kühlen und Gefrieren von Lebensmitteln im Haushalt und in Gemeinschaftsanlagen. DLG-Verlag, Frankfurt (1964)

Herrmann, K.: Exotische Lebensmittel, Berlin – Heidelberg – New York, Springer (1983)

Herrmann, K.: Tiefgefrorene Lebensmittel, Bd. 12. Verlag Paul Parey, Berlin und Hamburg (1970)

Herrmann, K.: Z. Lebensm. Unters. Forsch. 148, 206 (1972)

Kaspar, H.: Ernährungsmedizin und Diätetik. Urban & Schwarzenberg, München (1985)

Lagemann, M.; Graef, V.; Anders, D.: Deutsche Lebensmittel- Rundschau 81, 140–141 (1985)

Lebensmittellexikon: 2. Aufl., VEB Fachbbuchverlag, Leipzig (1981)

Montag, A.; Grote, B.: Untersuchungen zur Jod-Brom-Relation in Lebensmitteln. Z. Lebensm. Unters. Forsch. 172, 123–128 (1981)

Niinivaara, F. P.; Antila, P.: Der Nährwert des Fleisches, Fleischforschung und Praxis, Schriftenreihe 8. Verlag der Rheinhessischen Druckwerkstätte Alzey (1972)

Olson, R. E.: Vitamin K. In: Modern Nutrition in Health und Disease. 6th ed. (Goodhart, R. S.; Shils, M. E.), Lea & Febiger, Philadelphia (1980)

Paul, A. A.; Southgate, D. A. T.: The Composition of Foods, 4. Edition, Elsevier/ North-Holland; Biomedical Press, London (1978)

Perloff, B. P.; Burtrum, R. R.: J. Am. Diet. Assoc., 70; 161 (1977)

Platt, B. S.: Tables of Food Commonly Used in Tropical Countries. Med. Res. Council (British) Special Report Series No. 302, London (1962)

Pyke, M.: Success in Nutrition, J. Murrey Publ., London (1977)

Rauter, W.; Wolkerstorfer, W.: Z. Lebensm. Unters. Forsch. 175, 122–124 (1982)

Rechcigl, M., Jr.: Handbook of Nutritive Value of Processed Food, Vol. I, Food for Human Use, CRC Press, Boca Raton, Florida (1982)

Renner, E.; Renz-Schauen, A.: Nährwerttabelle für Milch und Milchprodukte. B. Renner-Verlag, Gießen (1986)

Reuter H.: Vitamine, Chemie und Klinik. Hippokrates Verlag GmbH, Stuttgart (1970)

Salunkhe, D. K.: Storage, Processing and Nutritional Quality of Fruits and Vegetables. CRC Press, Cleveland. Ohio (1976)

Schlage, C.; Kersting, M.; Stolley, H.: Nährwerttabellen für die pädiatrische Praxis. Hans Marseille Verlag. München (1973)

Schormüller, T.: Lehrbuch der Lebensmittelchemie, 2. Auflage. Springer Verlag, Berlin (1974)

Schulz, J. M.; Herrmann, K.: Z. Lebensm. Unters. Forsch. 171, 193–199 (1980)

Seher, A.: Fett Wissenschaft Technologie 89, 27–30 (1987)

Souci, S.W.; Fachmann, W.; Kraut, H.: Die Zusammensetzung der Lebensmittel, Nährwert-Tabellen 1986/87. Wissenschaftliche Verlagsges. mbH, Stuttgart (1986)

Stare, F. J.; McWilliams, M.: Living Nutrition, Second Edition. John Wiley & Sons, New York (1977)

Tabekhia, M. M.: Total and free Oxalates Calcium, Magnesium and Iron contents of some fresh vegetables. Deutsche Lebensmittel- Rundschau 76, 280–282 (1980)

Tilgner, D.T.: Die Technologie der Garverfahren. Spornholz-Verlag, Darmstadt

U. S. Department of Agriculture:
- Agriculture Handbook 8, Composition of Foods; raw, processed, prepared (1950)
- Miscellaneous Publication No 628 (1948)

Vojir, F.; Petuely, F.: Lebensmittelchemie und Gerichtliche Chemie 36, 73–79 (1982)

Wayne, E. J.; Kontras, D. A.; Alexander, W. D.: Clinical Aspects of Iodine Metabolism. Blackwell Scientific Publications, Oxford (1964)

WHO: Fluorides in Human Health. WHO, Genf (1970)

Wirths, W.: Kleine Nährwerttabelle, 32. Auflage. Umschau Verlag, Frankfurt (1986)

Wissenschaftliche Tabellen Geigy, 8. Auflage. Geigy AG, Basel (1977)

Wolfram, G.: Aktuelle Ernährungsmedizin 1, 11–19 (1978)

Zacharias, R.; Dürr, R.: Lebensmittelverarbeitung im Haushalt. Stuttgart (1984)

Zöllner, N.: Gicht in Lehrbuch der inneren Medizin, Hrsg.: Gross, R.; Schölmerich, P. F. K. Schattauer Verlag (1982)

Lebensmittel-Register

CIP-Titelaufnahme der Deutschen Bibliothek

Elmadfa, Ibrahim:
Die große GU-Vitamin- und Mineralstoff-Tabelle: Vitamine und Mineralstoffe unserer Lebensmittel; mit Angaben über die Nährstoffdichte; wichtige Sondertabellen für die Praxis / I. Elmadfa; D. Fritzsche; H.-D. Cremer – 4. Aufl. – München: Gräfe und Unzer, 1989

ISBN 3-7742-1814-5

NE: Fritzsche, Doris; Cremer, Hans-Diedrich; HST

4. Auflage 1989

Redaktionsleitung: Hans Scherz
Einbandgestaltung: Heinz Kraxenberger

Produktion:
Verlagsbüro Walter Lachenmann
Satz: Typoservice Urban GmbH
Druck und Bindung: Ludwig Auer GmbH

ISBN 3-7742-1814-5

Kalorien/Joule- und Nährstoffgehalte unserer Lebensmittel: Eiweiß, Fette, Kohlenhydrate, Wasser, Ballaststoffe, Cholesterin, Vitamine, Mineralstoffe – alle wichtigen Inhaltsstoffe unserer Lebensmittel auf einen Blick.
Mit Ernährungslehre und Lebensmittelregister.

Das bewährte Nährwert-Tabellenbuch

Die große GU Nährwert Tabelle

Mit Angaben über Natrium, Kalium, Calcium, Phosphor, Magnesium, Eisen, Fluor, Vitamin E, Vitamin K, Folsäure, Jod, Zink, Kupfer, Mangan, Selen, Oxalsäure und über Vitaminverluste bei Lagerung und Zubereitung.

Die zuverlässige Informationsquelle:

- Für Fachleute, die beruflich mit Ernährungsfragen zu tun haben.
- Für Patienten, die eine vom Arzt verordnete Diät einhalten müssen.
- Für alle, die sich und ihre Familie gesund ernähren wollen.

GU Gräfe und Unzer